지도 제작 : 서현숙

1 : 90,000

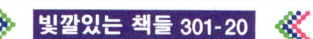
빛깔있는 책들 301-20

울릉도

글/박기성 ●사진/심병우

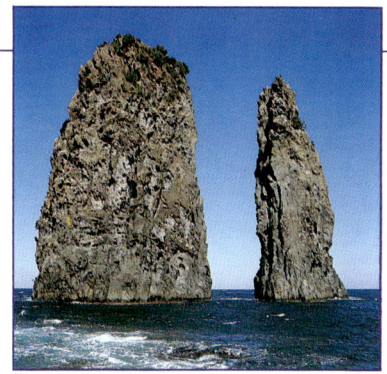

대원사

박기성 ─────────
서울대학교 국사학과를 졸업한 뒤
대한항공에서 3년 동안 근무했다.
이후 월간 『사람과 산』 창간에 뛰
어들어 현재 편집부장으로 재직중
이다. 산을 좋아하여 1987년에는
미국 요세미테의 거벽들을 등반했
고 1990년에는 대만 옥산, 1994년에
는 러시아 캄차카의 글류체브스카
야에 올랐다. 이 밖에 월간 『에세
이』에 몇 편의 서간문, 주간 「내일
신문」에 영화평을 기고한 바 있다.

심병우 ─────────
스튜디오 '자연'에 근무하는 사진
작가로 산과 자연에 관련된 사진
을 주로 찍고 있다.

울릉도

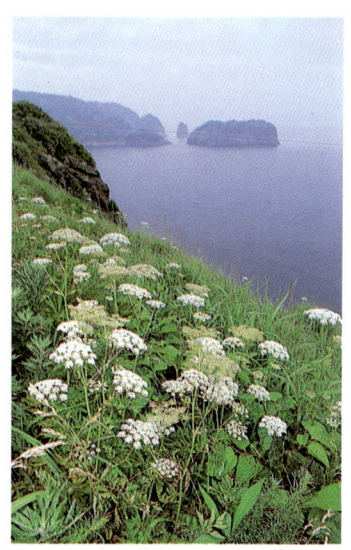

울릉도

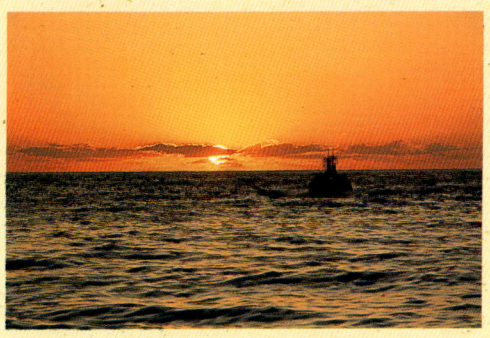

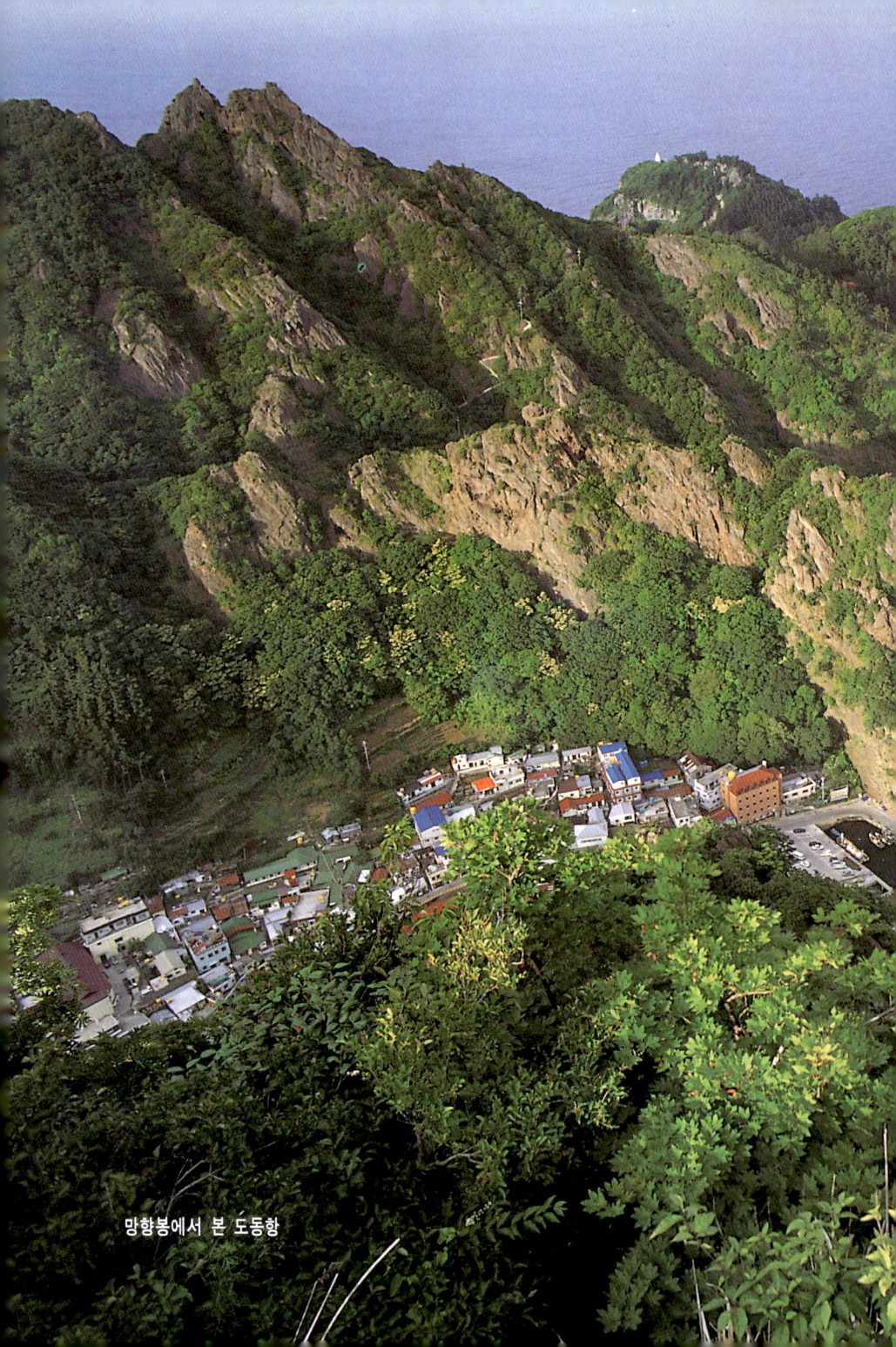

망향봉에서 본 도동항

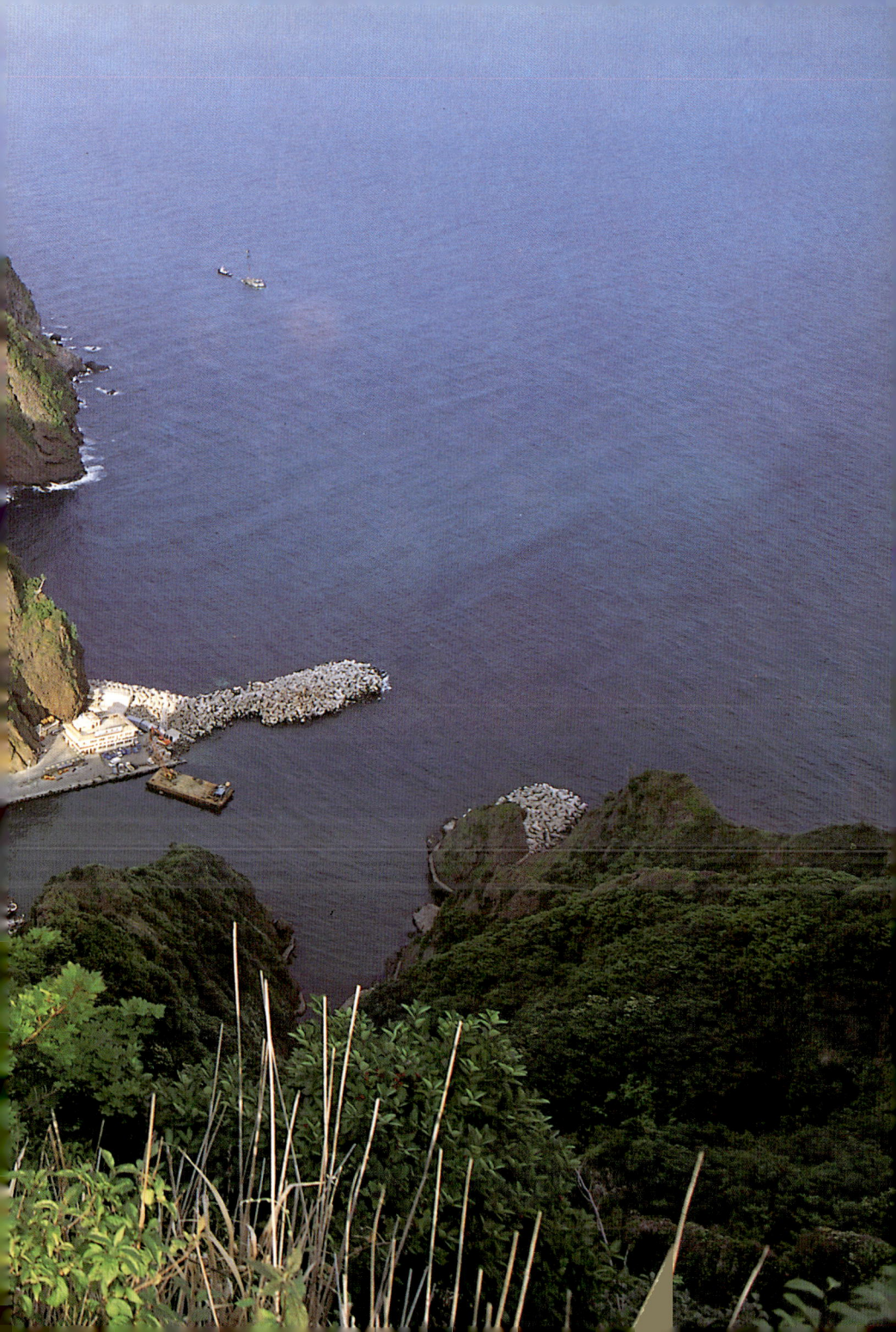

개관

　울릉도(鬱陵島)는 섬이다. 지금부터 2천5백만 년 전쯤, 신생대 3기와 4기 사이에 화산 분출로 생겨났다. 우리 강토의 대부분이 고생대 말에서 중생대 초 그러니까 2억 년쯤 전에 이루어졌으니 사람으로 친다면 두 살과 스무 살로 차이가 난다.

　2,500~3,300미터 깊이의 바닷속에서 솟아올랐다. 코크스(Koks) 같은 검은 바위 현무암(玄武岩)으로 기초 공사를 하고 그 위를 표면이 거친 조면암(粗面岩)과 화산재가 굳어 된 응회암(凝灰岩)이 비정합적(非整合的)으로, 고르지 않게 덮었다. 어두운 잿빛의 단단한 화산암 안산암(安山岩)도 있는데 조면암은 대개 고지와 주상절리(柱狀節理)를 이룬 국수바위 등에 나타나고 안산암은 바닷가에, 응회암은 어디서나 보인다.

　전체적으로 5각형, 여우의 얼굴을 닮았다. 위치는 북위 37도 30분, 동경 130도 50분이고 넓이는 73평방킬로미터, 해안선 길이는 56.5킬로미터, 가장 높은 곳이 983.6미터다.

　'여우'의 정수리에는 아이가 갓 태어났을 때처럼 말랑말랑하고 움푹 들어간 부분이 있다. 나리분지다. 화산재가 쌓여 땅이 부드럽고 화산이 두 번째 폭발할 때 '원래 꼭지점'을 날려 버려 파인 것이다. 소위 칼데라 화구(caldera 火口), 제주도 말로는 굼부리다. 분지 가운데는 2차 폭발의 자국 알봉(538미터)이 있다. 이땅에서는 유례(類例)를 찾아볼 수 없는 땅생김이다.

2만5천 분의 1 지도를 놓고 아무리 보아도 헝클어진 실처럼 어지러운 등고선은 가닥이 잡히지 않는다. 이때는 연필을 들어 440미터 선을 따라가 본다. 알봉이 자궁에 든 태아의 모습을 드러낼 것이다. 다시 360미터 선을 찾아본다. 어린애 살처럼 부드러운 흙 밑으로 흐르던 물이 어떻게 솟아나와 추산의 수력 발전소를 돌리는지 이해될 것이다.

사방이 송곳처럼 뾰족한 산들로 에워싸여 있다. 동쪽은 나리령(798미터), 말잔등(마등봉 967.8미터)이, 서쪽은 송곳산(430미터), 미륵산(900.8미터), 형제봉(951.2미터, 지도에는 712.5미터인 듯 되어 있으나 이것은 미륵산 남방 1킬로미터쯤에 있는 쌍둥이봉을 가리킨다)이 꼭지점 성인봉과 함께 분지를 좌우에서 옹호한다.

성인봉은 둥글다. 사방의 창기병(槍騎兵) 창날 같은 봉우리들의 경박함을 다독거려 체신을 갖추게 한다. 그것은 전체로 하나의 꽃, 둥근 암술 둘레로 수술들 쫑긋쫑긋한 완벽 구도를 이룬다. 그래서 '성인(聖人)'의 지위에 올랐다.

백여 년 전에는 모든 봉우리에 이름이 있었다. 1882년 울릉도 검찰사 이규원이 그린 것으로 여겨지는 「울릉도 내도(內圖)」(규장각 소장)에는 동쪽에 네 개, 서쪽에 여덟 개의 봉우리가 그려져 있다.

동쪽에는 신선봉, 장군봉, 활인봉(活人峰), 도덕봉(道德峰)이 있는데 신선봉은 482.4미터, 장군봉은 813.2미터, 활인봉은 840.2미터이다.

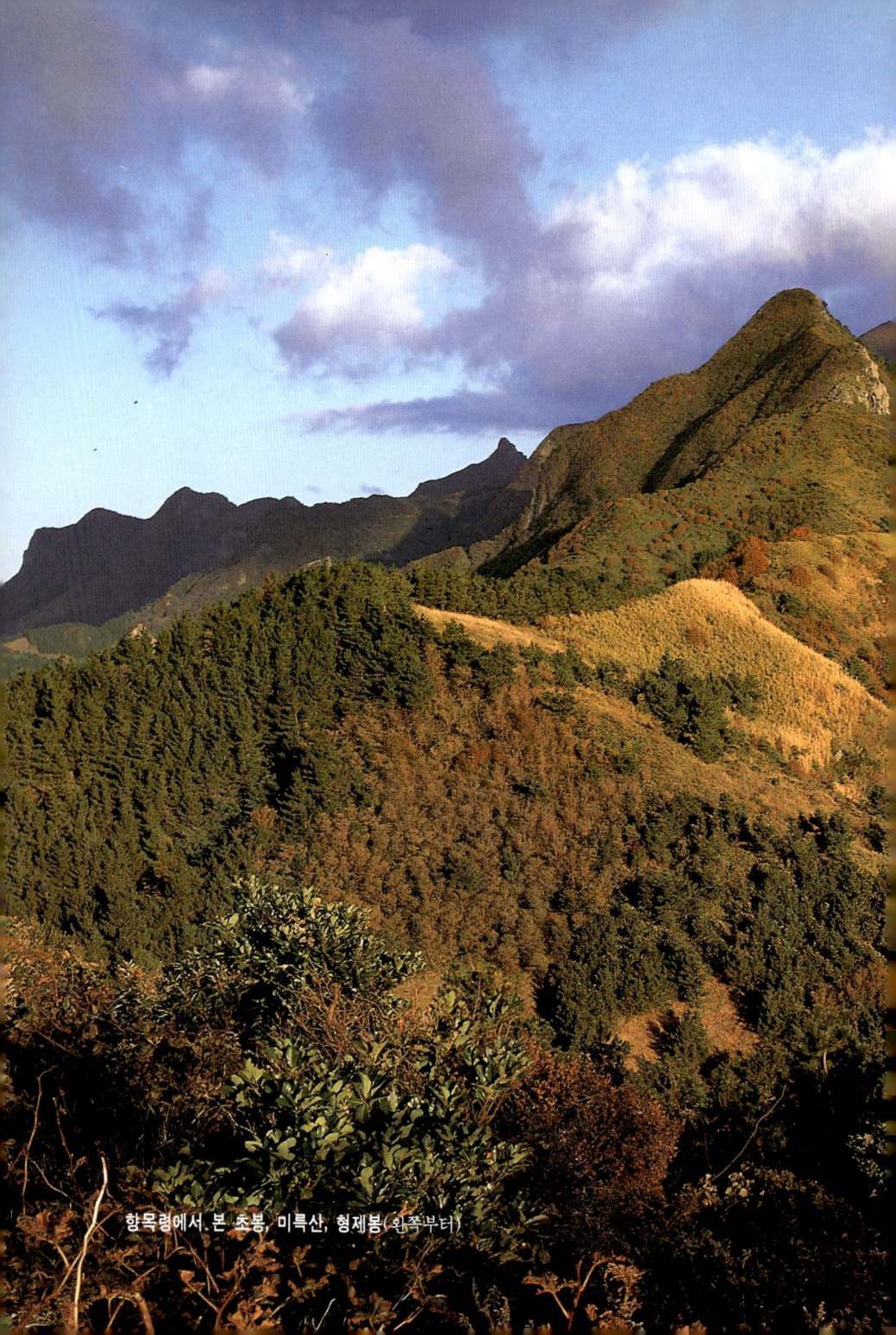

항목령에서 본 초봉, 미륵산, 형제봉(왼쪽부터)

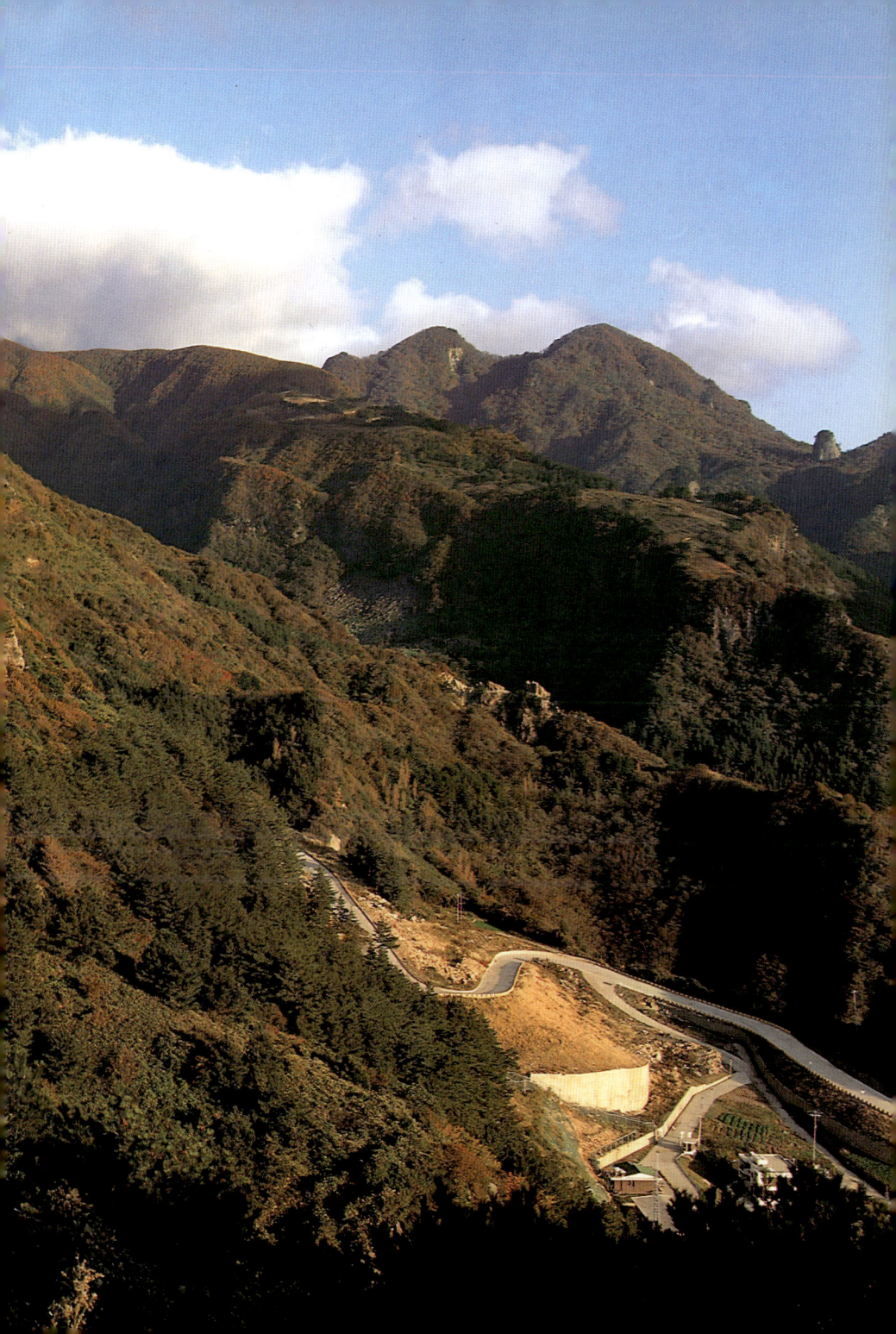

도덕봉은 961.2미터인 듯하다. 서쪽에는 추봉(錐峰), 항봉(恒峰), 형봉(衡峰), 숭봉(嵩峰), 태봉(泰峰), 기린봉, 옥녀봉, 화봉(華峰)이 있다. 추봉은 송곳산, 태봉은 미륵산을 가리키며 그 사이에 항봉, 형봉, 숭봉이 있다. 기린봉은 형제봉, 옥녀봉은 732.2미터, 화봉은 982미터로 여겨진다.

　이규원의 지도를 기준으로 보면 울릉도에는 산이 없다. 요즈음 지도의 송곳산은 '송곳 추'자 추봉 곧 송곳봉이고 말잔등 옆의 천두산(간두산)은 섬사람들 말로는 듣도 보도 못한 것이라고 한다.

　그러면 '산'은 어디에 있는가. 답은 역사 속에 있다. 울릉도를 이

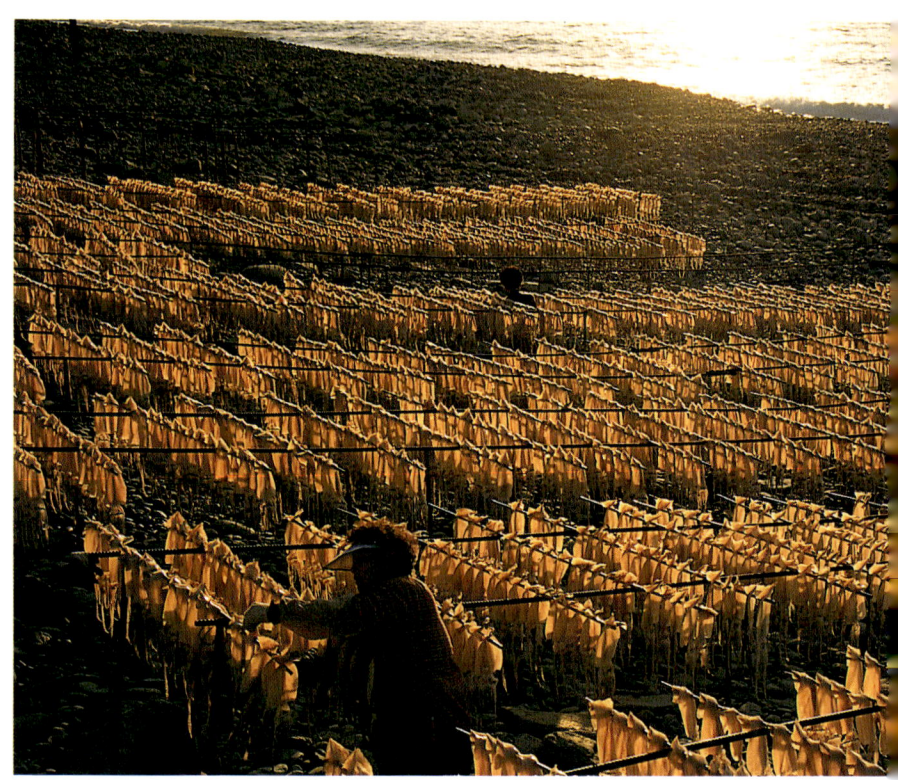

루는 산의 이름은 울릉도에 있었다는 나라 우산국(于山國)의 '우산'인 것이다.

울릉도는 바다 한가운데 있다. 본토와 가장 가까운 강원도 삼척 원덕과는 137킬로미터, 배가 많이 다니는 포항과는 217킬로미터 떨어져 있다.

그 곳으로 가려면 배편밖에 이용할 것이 없다(80년대에 헬리콥터가 다닌 적도 있었지만 운항 첫날 추락해 버려 이후로 엄두를 못 냈다. 그러다 95년 6월 말부터 운항을 재개하여 일주일에 두 번 다니고 있지만 7명밖에 못 탄다). 배는 큰바람이 불 것 같은 조짐만 있어도 발이 묶인다. 하루에도 몇 번씩 비행기가 뜨고 내리는 제주도와는 사뭇 다른 것이다.

발을 묶는 바다는 섬사람들의 삶의 터전이기도 하다. 살진 오징어와 명태, 방어가 무궁무진하고 기른 것 아닌 천연 미역과 돌김은 인건비가 안 빠져 못 딴다. 이렇게 바다에는 갯것이 많고 산에는 나물이 그득하니 몸만 성하면 얼마든지 벌어먹을 수 있는 이땅의 마지막 이어도다.

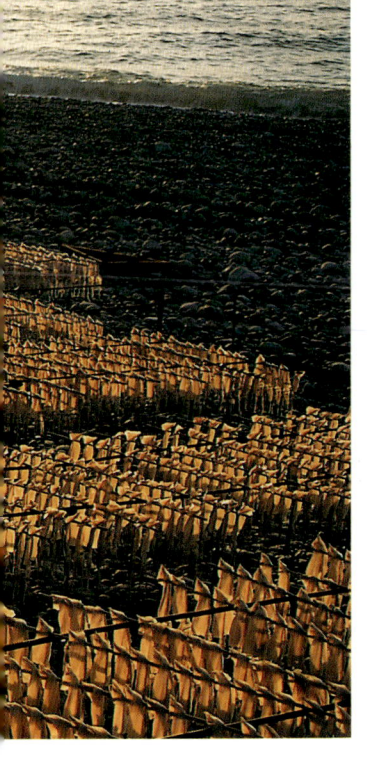

오징어를 말리는 바닷가 풍경 울릉도에는 살진 오징어와 명태, 방어가 무궁무진하고 기른 것 아닌 천연 미역과 돌김은 인건비가 안 빠져 못 딴다.

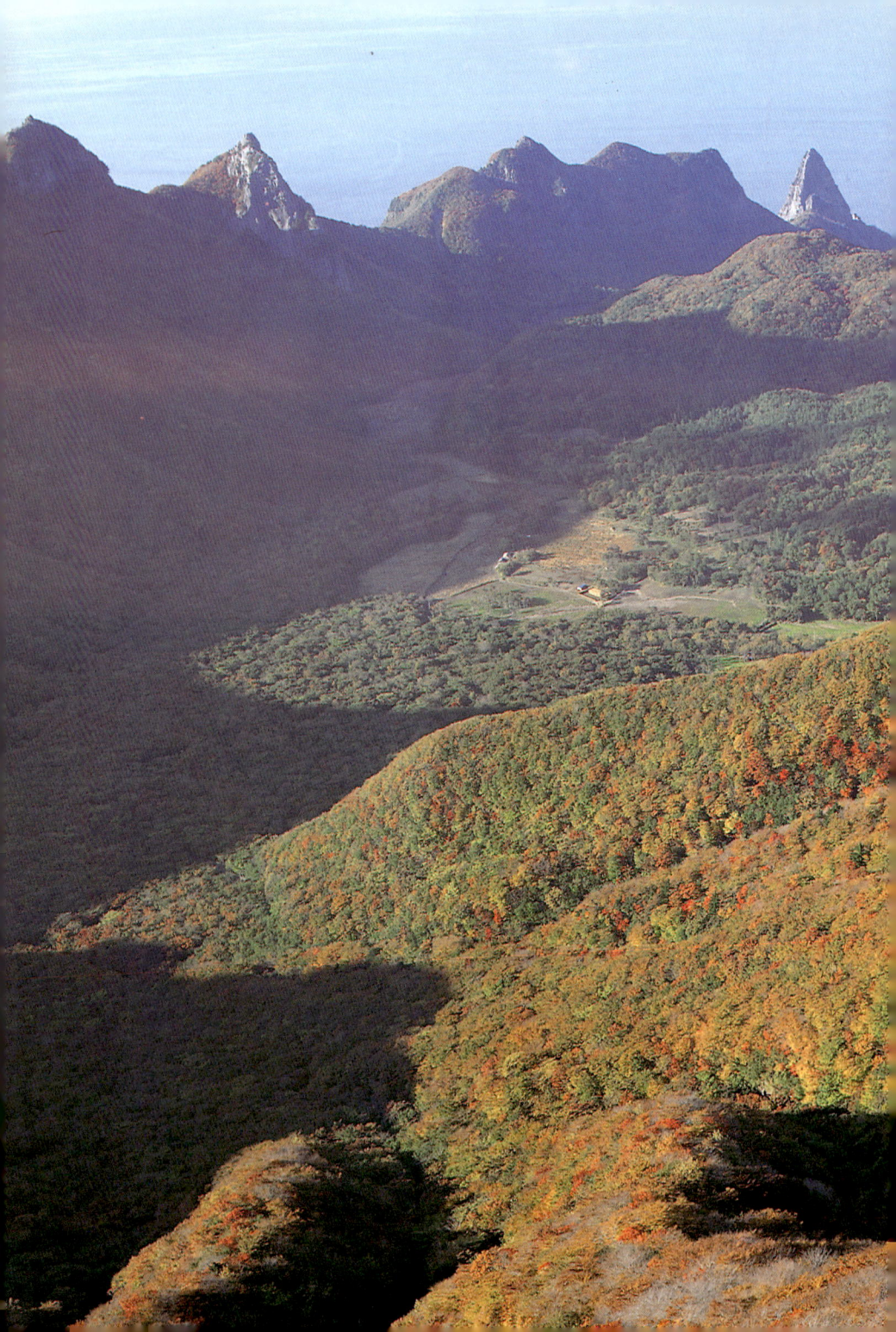

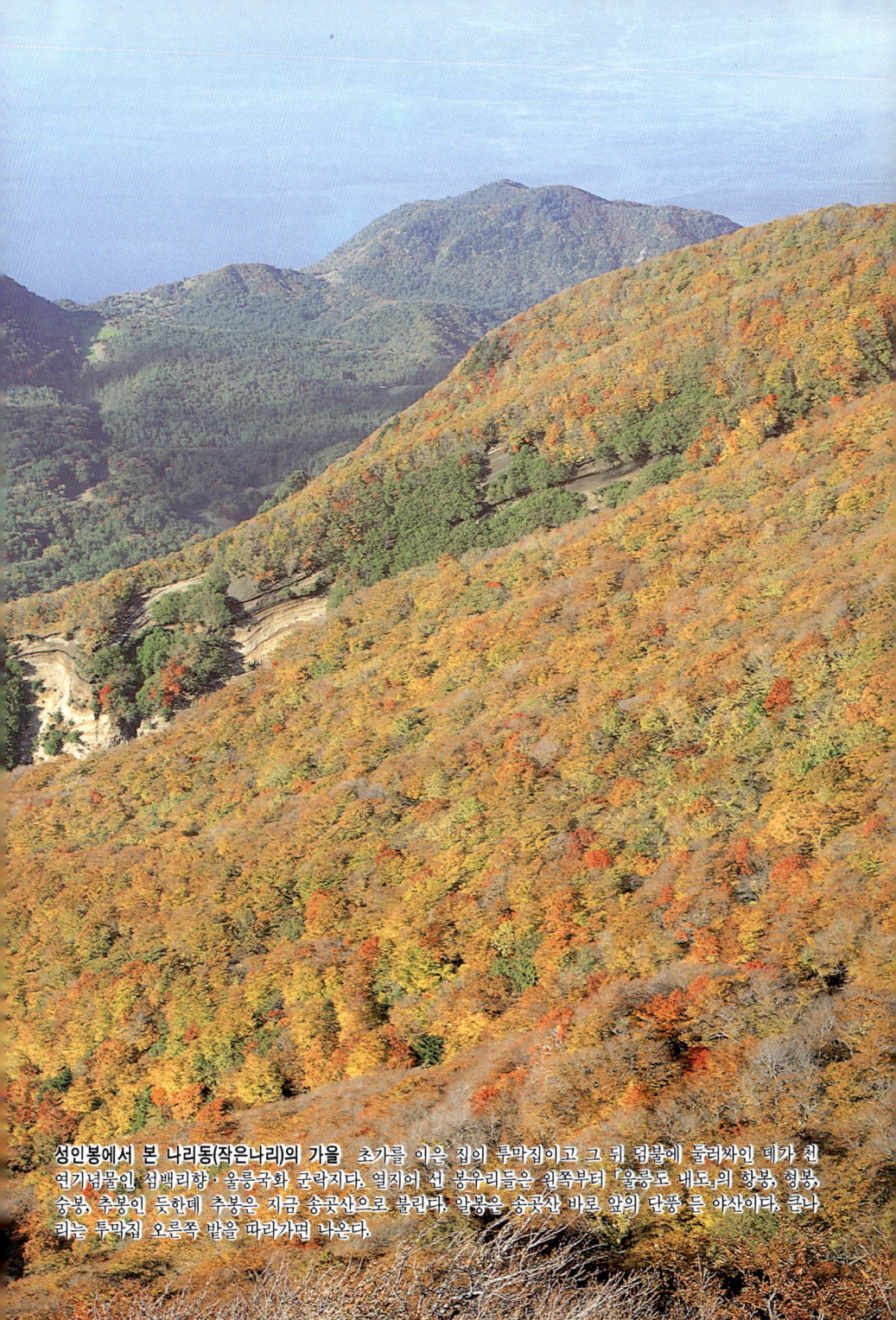

성인봉에서 본 나리동(작은나리)의 가을 초가를 이은 집이 투막집이고 그 뒤 돌담에 둘러싸인 데가 천연기념물인 섬백리향·울릉국화 군락지다. 열지어 선 봉우리들은 왼쪽부터 『울릉도 내도』의 향봉, 형봉, 송봉, 추봉인 듯한데 추봉은 지금 송곳산으로 불린다. 알봉은 송곳산 바로 앞의 단풍 든 야산이다. 큰나리는 투막집 오른쪽 밭을 따라가면 나온다.

지혜로운 자는 물, 내나 강의 흘러가는 물을 즐긴다. 인자요산과 짝을 이루는 지자요수(智者樂水)다. 그렇지만 뜻 큰 자, 용감한 자는 망망대해로 나아가는 것을 좋아한다. 잠수하여 바다밑 신비경을 즐기거나 배를 타고 세상을 둘러보는 것을 낙으로 삼는다. 첫 자만 다른 지자요수(志者樂水)다.

이런 이들이라면 울릉도에서 더 나아가 대화퇴(大和堆)를 찾아볼 일이다. 동북동으로 200마일, 322킬로미터쯤 가면 있다.

야마토라이즈(Yamato Rise)라고 하는 그 곳은 2,000미터가 넘는 주변 바다와 달리 수심이 이백팔구십 미터다. 물은 거울같이 맑고 한·난류가 만나는 곳이어서 고기는 수도 없이 많다. 오징어잡이 철이면 고깃배의 불빛과 '거울바다'의 반사로 인공위성에서도 보인다는 곳이다.

대화퇴를 갈 수 없는 이들은 7월 하순에 하는 섬돌이놀이에라도 끼여볼 일이다. 아침 일찍 오색기로 장식한 배를 타고 나가 고기잡이도 하면서 춤, 노래, 술을 즐기는 울릉도 특유의 풍습이다. 거기서 바다를 겁내지 않는 강인한 사람들을 만나는 것이야말로 돈 내고 섬 일주 유람선 타는 것에 댈 수 없는 값어치가 있다.

울릉도는 신천지다. 개척된 지 백년이 조금 넘었다. 그래서 김내수라는 개척자의 밭이 있었다 하여 내수전(內水田), 서달래가 살았다고 서달령 하는 식의 사람 이름을 딴 지명들이 있다. 역사 오랜 이땅에서는 좀처럼 찾아보기 힘든 것들이다.

개척자들의 삶을 그려볼 수 있는 곳으로는 정들깨(石圃)와 나리동이 있다. 한데 마을을 이루어 사는 이땅 사람들의 습성과 달리 그곳의 집들은 대평원의 미국 사람들이 타운십(township)을 이룬 것처럼 띄엄띄엄 있다.

나리동은 개척자들이 섬말나리의 뿌리를 캐먹으며 목숨을 이었다는 눈물겨운 이름이다. 한편으로는 전라도, 줄여서 '라도' 사람들이 많이 살던 곳이라고도 한다. 조선 초기에는 경상도 내륙에 사람이 많이 살았지만 임진왜란 때 영남대로 주변이 무인지경이 되면서 상대적으로 온전했던 전라도의 인구 밀도가 높아졌으므로 개척자들 가운데 전라도 출신이 많았을 테고 따라서 그런 동네가 있었음직도 하다 할 것이다.

개척자 정신은 수력 발전소에서도 엿보인다. 1966년 울릉도 사람 이정윤 씨가 송곳봉 옆의 샘솟는 물, 용출수(湧出水)를 이용하여 270미터의 낙차로 1,200킬로와트의 전력을 생산하기 시작했던 것이다. 우산팔경(于山八景)의 하나인 '추산용수'를 감상만 한 것이 아니라 실생활에 이용한, 이용후생(利用厚生)의 실학 정신의 발현이다. 이것을 보면 우리 민족의 성정(性情)을 의타적·소극적·타율적이라 매도했던 일본인들의 교육이 얼마나 엉터리고 악의적이었는지 새삼 깨닫게 된다.

개척자의 땅이라 민속 놀이에서도 개척자풍이 엿보인다. 미국이나 캐나다 사람들의 통나무집 짓기와 다를 바 없는 너와너새놀이가 그것이다. 연년이 시월에 열리는 군민 체전이나 학교 운동회에서 하니 때맞추어 간 이는 식민사관으로 위축된 민족 의식을 다림질 할 수 있으리라.

귀틀집 형식의 투막집은 통나무를 우물 정(井)자 모양으로 쌓아 올려 짓는 '자연의 집'이다. 섬에서 많이 나는 솔송나무나 너도밤나무를 쓰는데 엇걸어 생긴 틈새에는 흙이 발려 추위를 잘 막고 습도는 저절로 조절된다. 지붕에는 적송으로 된 너와가 이어지고 처마 끝에는 우데기라 하는, 새를 엮은 울타리가 둘린다. 순 통나무집보

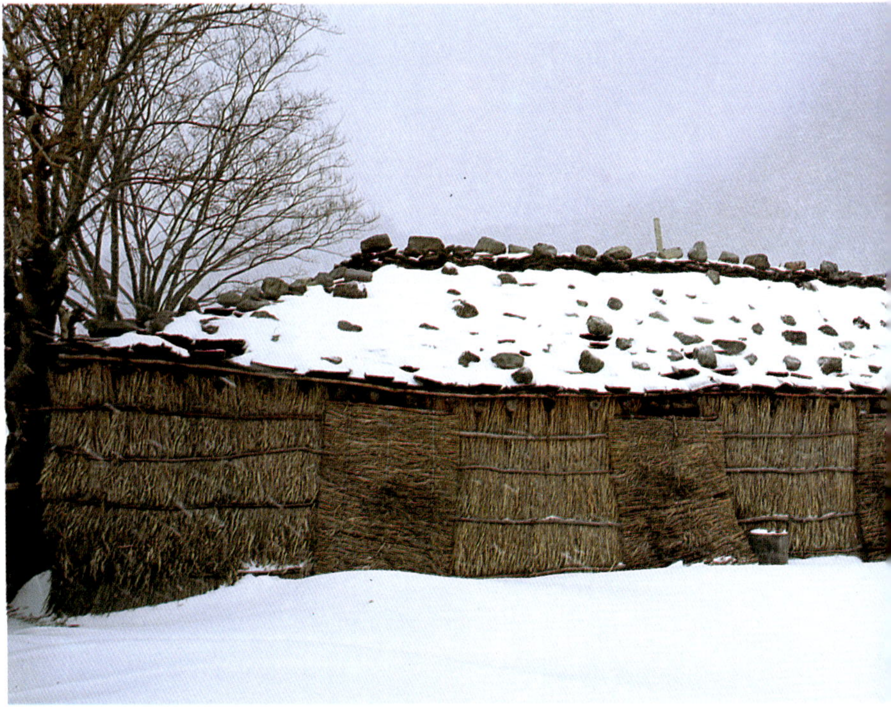

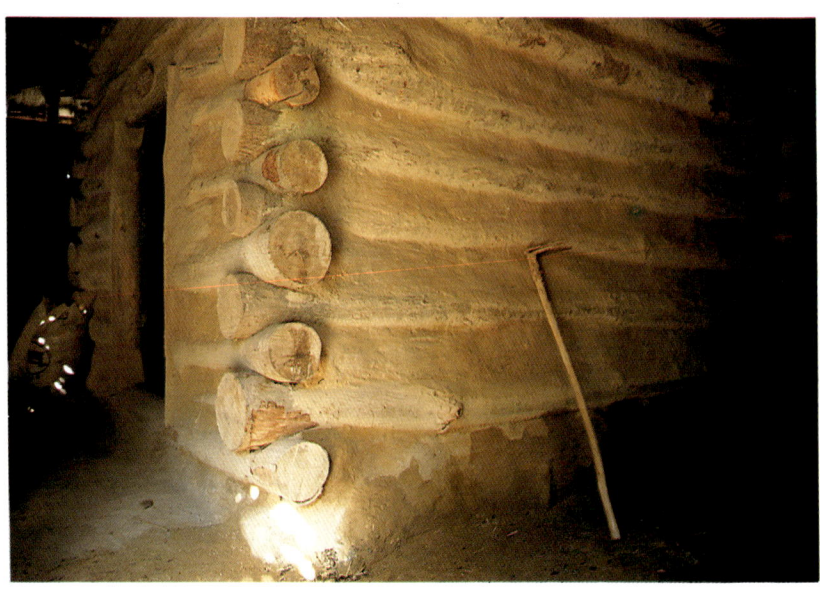

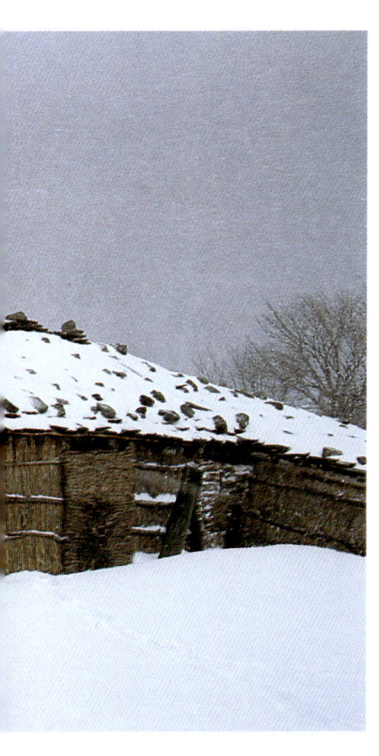

눈 덮인 나리동의 너와집 너와로 이은 지붕은 너와 사이에 틈이 있어 환기와 배연이 잘 되고, 단열 효과도 커서 여름에는 집안이 시원하고 겨울 적설기에 지붕이 눈에 덮이면 내부 온기가 밖으로 빠져나가지 못하므로 보온 효과도 크다.(왼쪽)

나리동 투막집 내부 모습 귀틀집 형식의 투막집은 통나무를 우물 정(井)자 모양으로 쌓아 올려 짓는 '자연의 집'이다. 순 통나무집보다 짓기는 쉬우면서도 기능은 뛰어나다.(옆면 아래)

다 훨씬 한국적인, 흙 냄새 나무 냄새 구수한 개척자의 집이다.

너와너새놀이에서 진짜 너와집을 짓는 것은 아니다. 그렇지만 합판에 통나무를 그린 것일망정 "어리 화산아 지신아/호박지동 유리지동/양 가로 세로 몰려/귀염목 버터 걸어 주세/아게자게로 걸어 주세/캐갱 캥캥 캥자쿵"하며 힘을 합쳐 벽을 세우고 줄 선 아낙들의 너와를 받아 순식간에 새로 이사온 이의 새집을 완성하는 모습을 보면 예술하듯 일하는 이땅 사람들의 신명과 단체심에 절로 어깨가 들썩거린다.

신천지인 까닭에 유물·유적이 거의 없지만 볼거리는 많다. 역사가 보잘것없는 미국 사람들이 1872년에 세계 최초로 국립공원이라는 것을 만들어 자랑거리로 삼았듯 곳곳에 천연기념물 지역을 두었다. 통구미와 대풍감의 향나무 자생지(48·49호), 태하령의 솔송나무·섬잣나무·너도밤나무 군락지(50호), 도동의 섬개야광나무·섬댕강나무 군락지(51호), 나리동 울릉국화·섬백리향 군락지(52호), 성인봉 북록 원시림(189호), 아록사(沙洞) 흑비둘기 서식지(237호)다.

일곱 중 여섯이 귀하고 이상한 식물을 보호하려고 정한 것이다. 여기서 미루어 알 수 있듯 울릉도에는 특산 식물 곧 이 세상에 울릉도말고는 어느 곳에도 없는 식물이 마흔일곱 가지나 있다. 앞에 '울릉'자가 붙는 울릉국화, 울릉양지꽃, 울릉강활, 울릉대나물과 '섬'자가 붙는 섬자리공, 섬노루귀, 섬현호색 그리고 천연기념물로 지정된 섬개야광나무, 섬잣나무 등이다.

또한 울릉도에는 와사비라고 하는 고추냉이와 개다래가 자생하고 있다. 고추냉이는 방부제 역할을 하는데 김치에 넣으면 시어지지 않고 배 밑창에 바르는 물감에 타면 따개비가 달라붙지 않는다. 삵이나 범이 병 걸리면 따먹는다는 매운 맛의 개다래는 먹으면 숙취가 금방 깬다. 그래서 정들깨 사는 이덕영 씨 같은 이는 고추냉이를 재배해 일본으로 수출할 계획을 갖고 있기도 하다.

천연기념물말고 볼 만한 것은 기암절벽과 산봉들이다. 작은황토구미(鶴圃)의 만물상과 골계(谷溪) 곧 남양의 국수바위·사자바위·투구바위, 구멍바위(孔岩), 삼선암, 그리고 깍새섬(觀音島)의 쌍굴이 하나같이 경탄을 자아낸다.

울릉도 사람 이용필 씨는 이렇게 뛰어난 울릉도의 경관을 '우산 팔경'이라 일렀다. 비 내리는 도동의 돛단배(道洞雨帆), 모시개의 고기잡이 불빛(苧洞漁火), 중령(장흥)의 달구경(長興望月), 송곳산과 용출소(錐山湧水), 나리동의 단풍(羅里錦繡), 알봉낙엽(卵峰落葉), 황토구미의 지는 해(台霞落照), 골계의 밤눈소리(南陽夜雪)다.

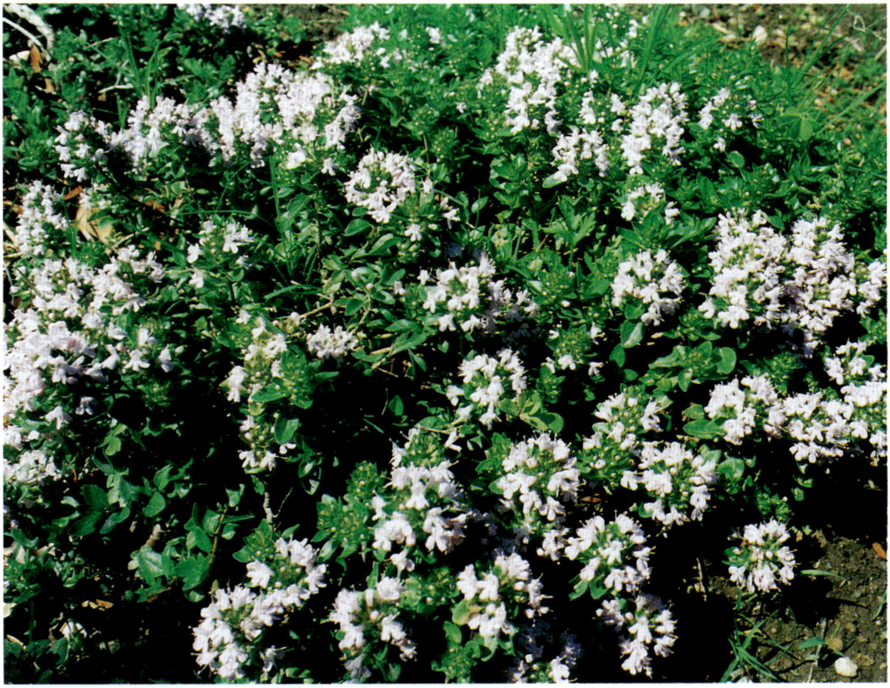

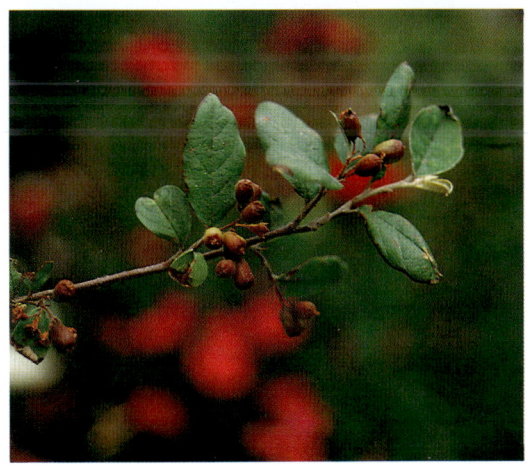

섬백리향(사진 이형문, 위)

섬개야광나무(왼쪽)

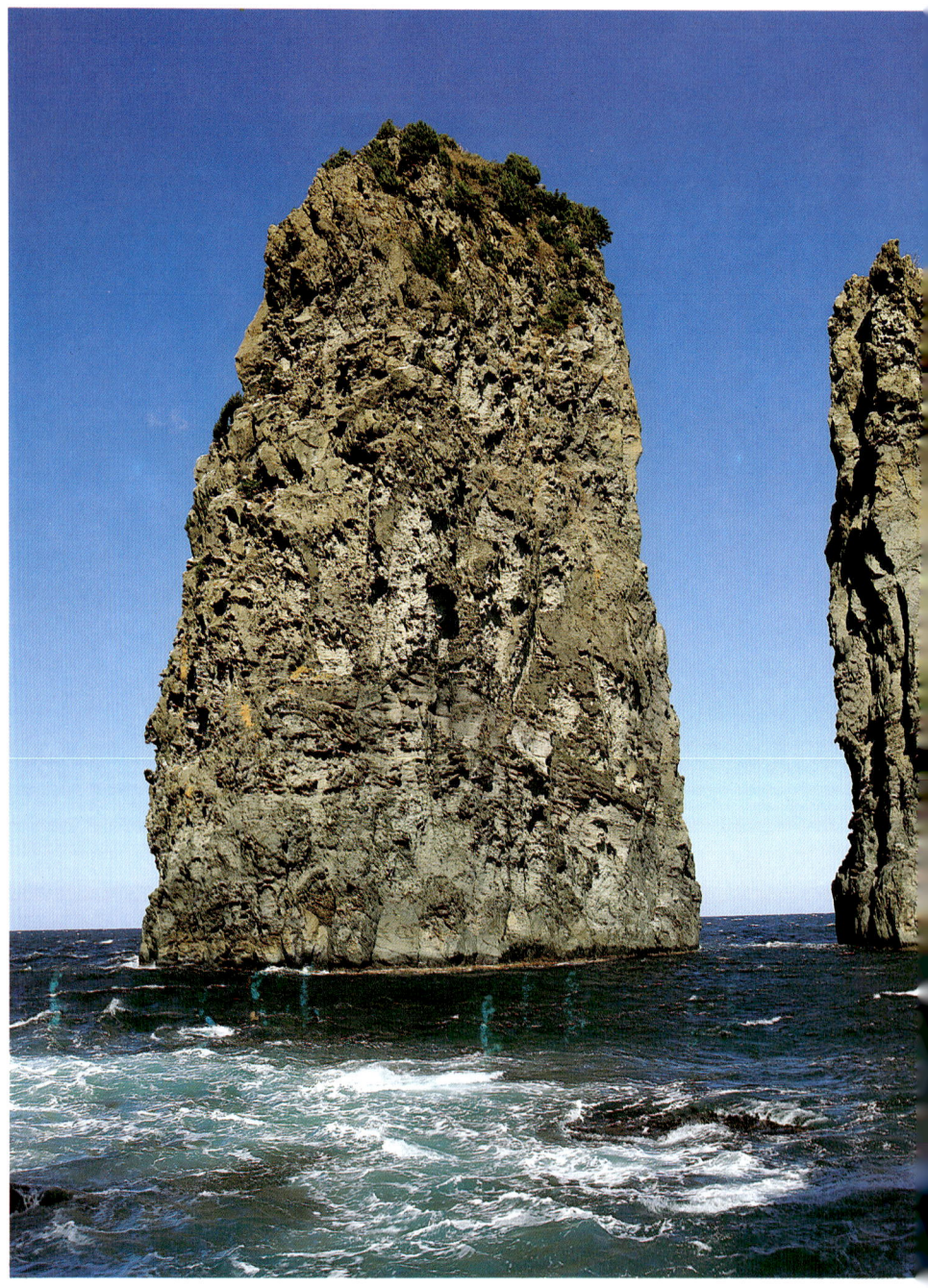

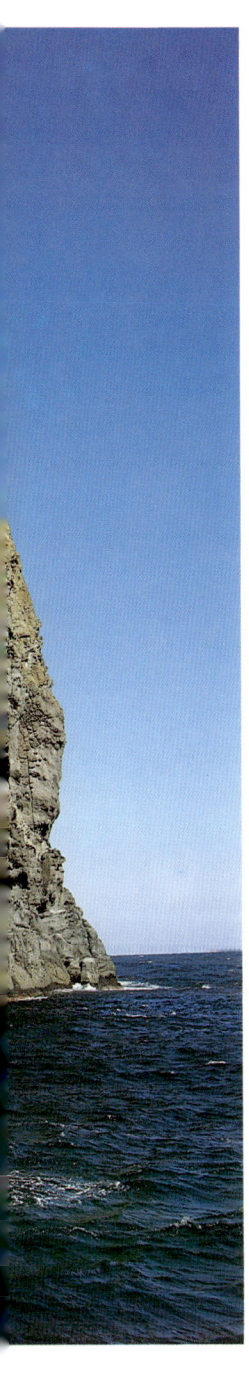

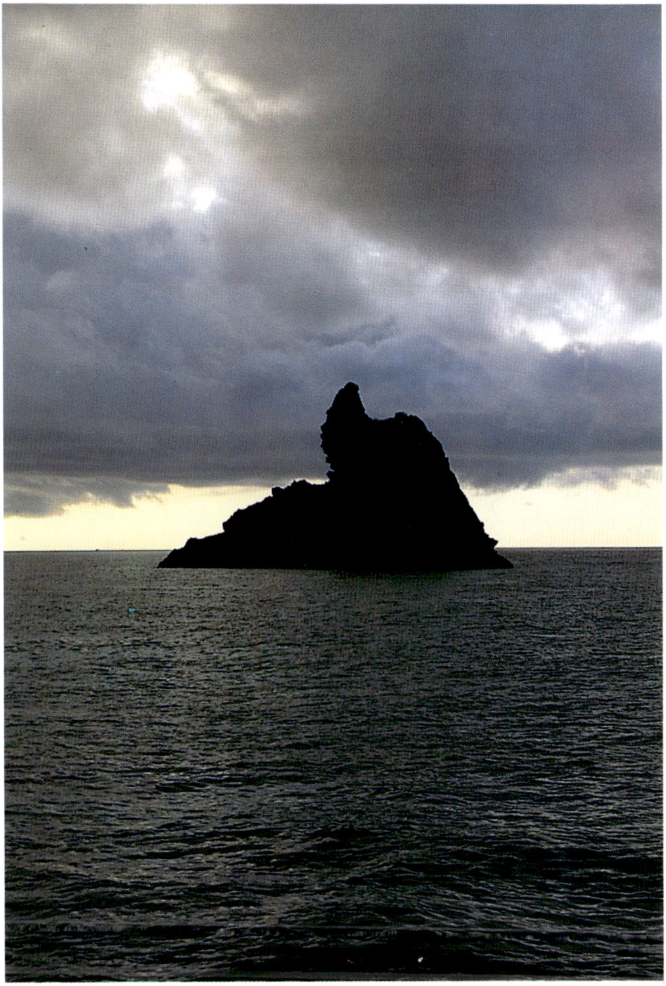

삼선암 울릉도에는 볼 만한 것으로 기암절벽과 산봉들이 있다. 작은 황토구미의 만물상과 골계 곧 남양의 국수바위·사자바위·투구바위, 구멍바위, 삼선암이 하나같이 경탄을 자아낸다. 사진에서는 삼선암 세 바위 가운데 일선암이 빠졌다.(옆면)

내수전 앞바다의 북저바위(위)

그런데 아무리 봐도 이는 무슨 팔경이니 무슨 십경이니 하는 것과 법식이 다르다. 그런 것들은 대개 그 지역의 특성과 하루의 때, 일년 중의 계절을 감안하여 가장 훌륭한 대상의 가장 빛나는 시점과 모습을 응축해 놓았는데 이 팔경은 그렇지 못하다.

그래서 그 가운데 셋을 취하고 일곱을 보충하여 재구성해 본 울릉 십경은 다음과 같다.

1경은 관음일출(觀音日出), 두루봉에서 보는 깍새섬의 해돋이다. 그 자체로 장관을 이루는 데다 이땅에서 가장 빨리 보는 해돋이기도 하다.

2경은 우산팔경의 태하낙조다. 이는 황토구미의 벼랑길, 등대 가는 길을 오르며 봐야 제격이다.

3경은 우산팔경의 추산용수, 울릉도 지형의 특징인 '솟음'의 대표 격이다. 여기에 4경인 봉래폭포가 맞물리면 대구가 제대로 맞아떨어진다.

5경은 학포기암(鶴圃奇岩). 작은황토구미의 만물상을 빼놓을 수 없다. 여기에 6경 석문동천(石門洞天)을 붙여 골계 일대의 국수바위, 사자바위, 투구바위를 완상한다.

7경은 우산팔경의 저동어화, 8경은 나리야설(羅里夜雪)이다. 이 두 가지 역시 울릉도의 빼놓을 수 없는 구경거리들이다.

9경은 대풍향목(待風香木), 대풍감의 불꽃 같은 향나무다. 그리고 마지막은 성인울림(聖人鬱林) 곧 성인봉의 원시림으로 둘 다 천연 기념물이다.

이것을 모두 보려면 아무래도 섬을 한 바퀴는 돌아야 한다. 배나 차를 타지 않고 걸어서. 그리고 성인봉을 오르고 나리분지에도 가봐야 한다.

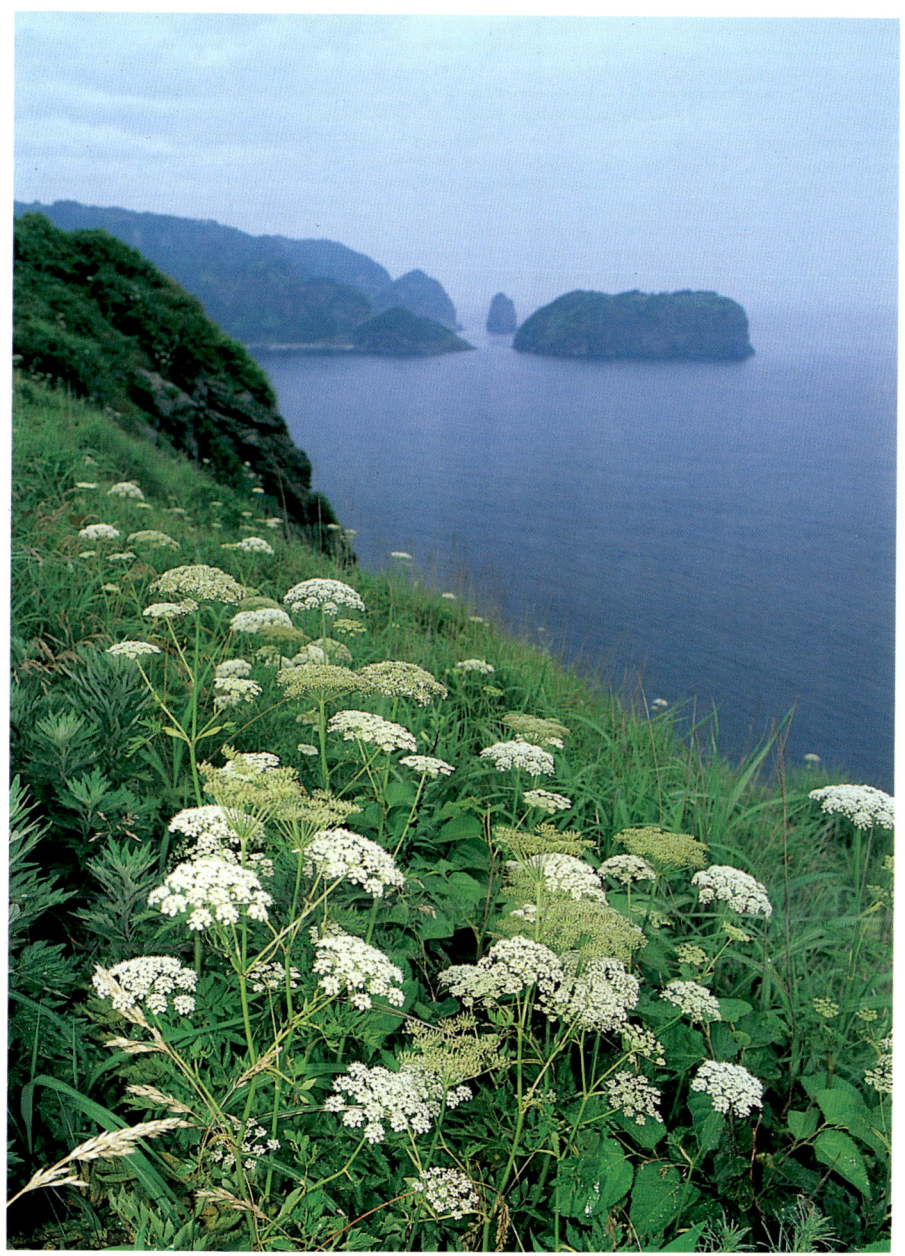

죽도에서 바라본 섬목과 깍새섬(관음도) 깍새섬의 해돋이는 그 자체로 장관을 이루며 이땅에서 가장 빨리 보는 해돋이로, 울릉십경으로 손꼽힐 만하다.

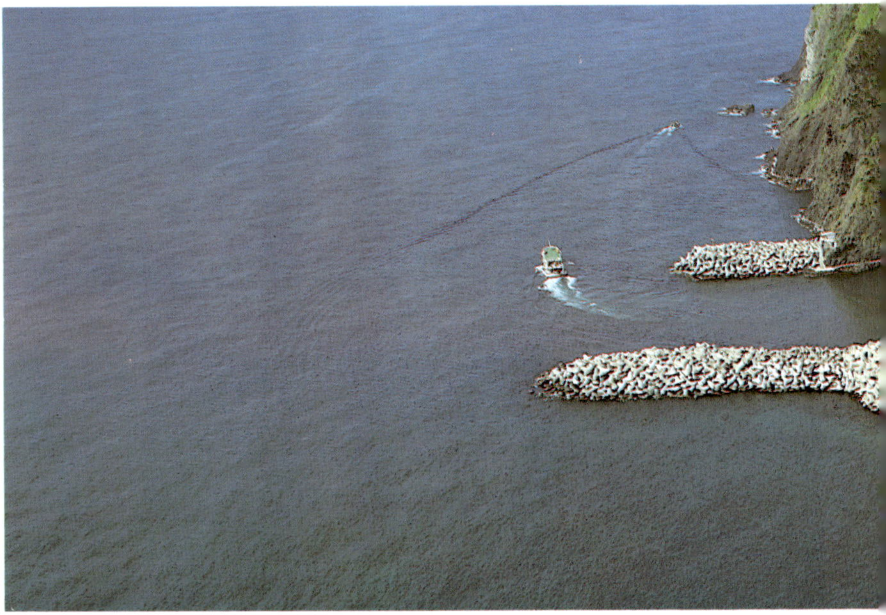

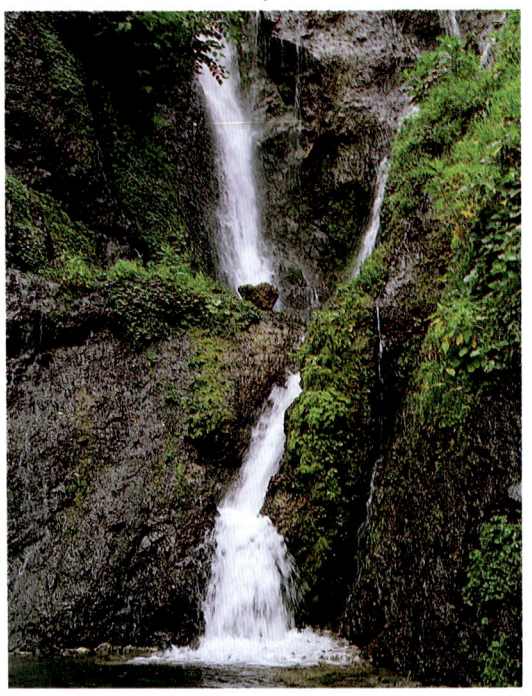

살구남 능선에서 바라본 도동항(위)

모시개 저동의 봉래폭포(왼쪽)

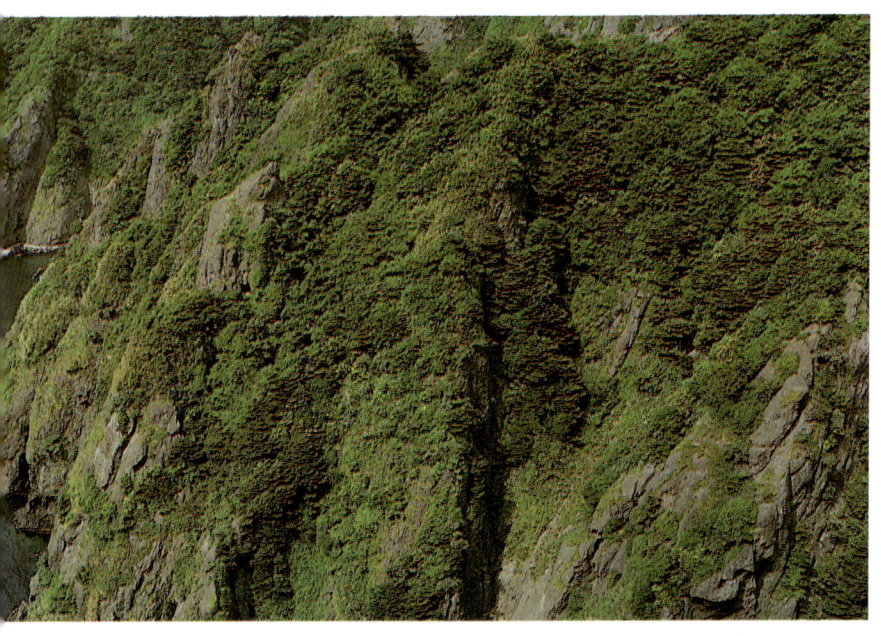

　그러자면 적게 잡아도 엿새는 필요하다. 거기다 가고 오는 데 이틀이 걸리니 경이의 섬 울릉도는 보기가 그만큼 어렵다. 그럼에도 불구하고 산 넘고 물 건너 찾아간 이에게 울릉도는 이땅 어느 곳도 보여 주지 못하는 경이를, 여권 내지 않고도 느낄 수 있는 이국적 정취를 선사할 것이다.

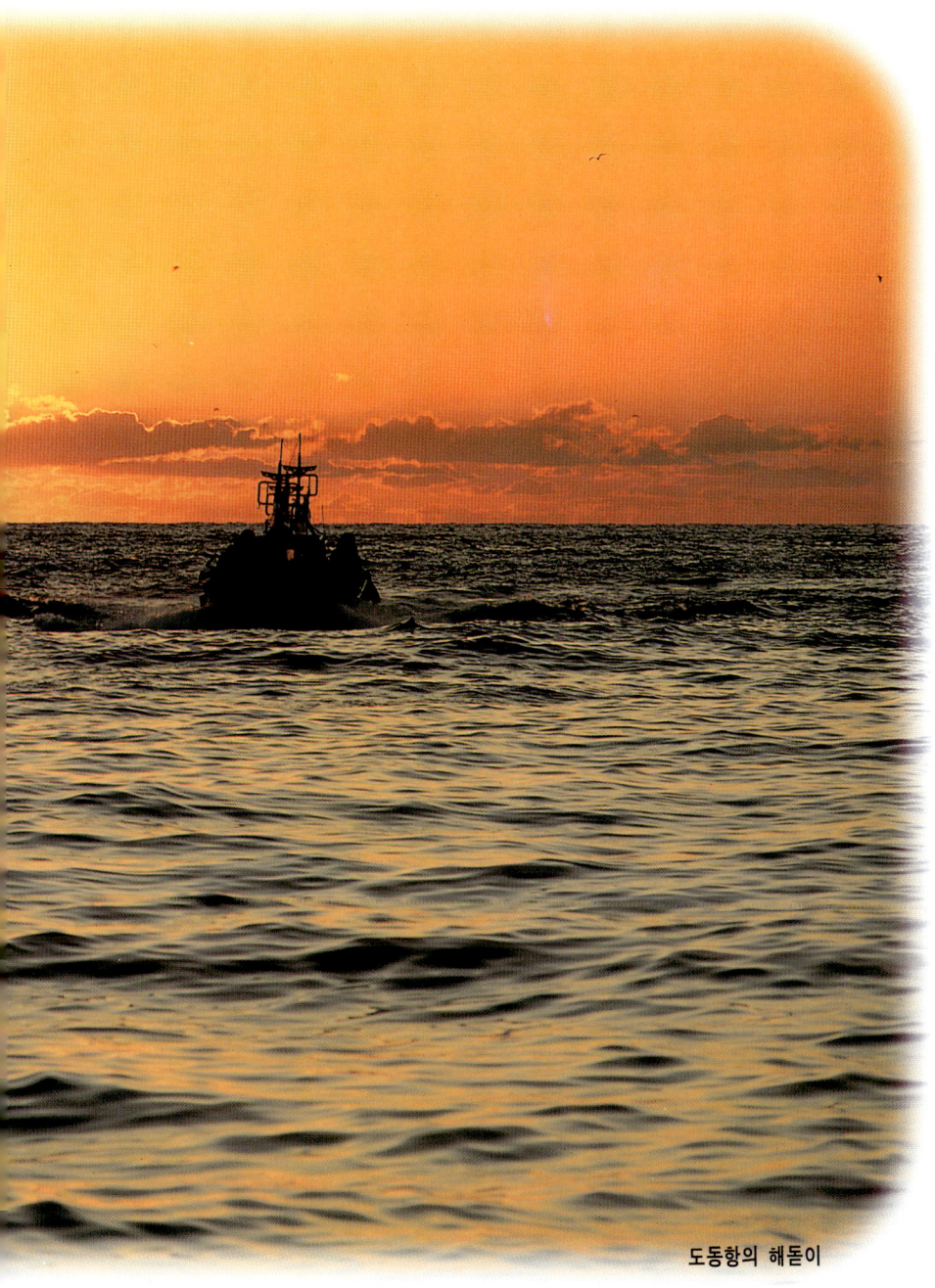

도동항의 해돋이

울릉도 일주

    울릉도에 가면 '울릉도 트위스트'에 나오는 아가씨가 없다. 밭 2천 평만 있으면 약초와 나물로 연간 1억 원쯤 버는 데다(그만큼은 안 된다는 주민도 있다) 바다에는 오징어와 공해 안 탄, 절로 자란 미역이 지천이라 이것으로 높은 소득을 올려 아가씨들을 모두 육지로 유학 보냈기 때문이다.

    아가씨만 없는 게 아니라 관광객도 없다. 연간 10만 명쯤 찾는 관광 명소지만 성수기에도 관광객이 보이지 않는다. 상륙할 때는 분명 길이 미어졌고 도동에서도 부딪치는 이 육지 사람뿐이었는데 섬 여기저기를 돌다 보면 섬사람들뿐이다.

    관광객은 육지 아닌 바다에 있다. 그리고 성인봉에 있다.

    그들은 일주 유람선 타고서 섬 한 바퀴 돌고 성인봉 한 번 오르고 나면 대개는 울릉도를 다 보았다고 생각한다. 기껏해야 군내 버스 타고 남양으로 가 투구봉과 국수바위쯤 보고 오거나 철선 타고 간 섬목에서 버스로 북면 일대를 돌아보는 정도다.

    그렇지만 이것은 아무것도 보지 않는 거나 마찬가지다. 이래서야

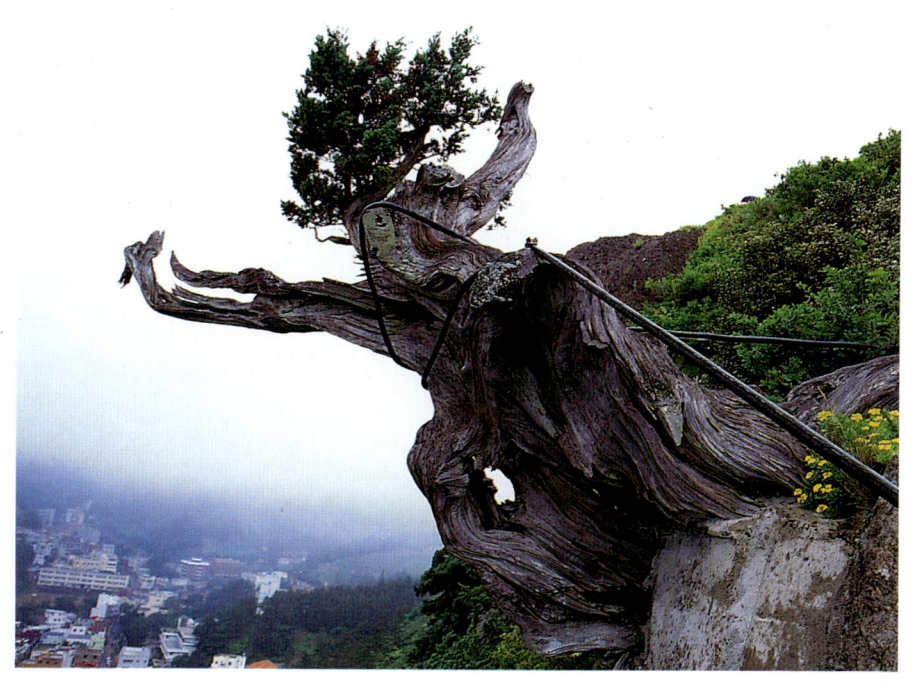

울릉도의 명물 향나무 도동항의 깎아지른 절벽에서 사는 향나무로 나이가 2천 살이 넘는다.

울릉도의 명물이라는 향나무를 한 그루도 볼 수 없고 천연기념물들
이 어디에 붙어 있었는지 기억도 없이 돌아오기 십상이다. 그리고
무엇보다 여행의 3대 요소라는 먹거리, 볼거리, 걸을거리 가운데 걸
을거리를 즐기지 못한다.

　트레커(trekker)나 등산인이 아닌 바에야 걸을거리는 하루 서너
시간 정도가 적당하다. 울릉도에는 마침 그런 데—찻길도 없고 거리
도 그만한 데, 그리고 그 끝에서 군내 버스가 기다리는 데—가 두
군데 있다. 지형이 험해서 섬 일주 도로가 채 나지 않은 모시개~섬

목 사이와 황토구미~골계 사이다. 이 두 곳은 울릉도에서 가장 때
묻지 않은 비경(祕景)이며 반드시 간직해야 할 추억거리기도 하다.

두 비경을 포함한 섬 일주는 시계 반대 방향으로 해야 좋다. 만약
에 예정보다 행정(行程)이 늦을 경우 골계~도동 사이에서는 버스
를 이용할 수 있기 때문이다. 시계 방향으로 하면 섬목에서 도동으
로 오는 철선이 일찍 끊기므로(해운법상 여객선은 해가 진 뒤에는
다닐 수 없게 되어 있다) 날이 저물어도 제 발걸음밖에 의지할 데
가 없다.

도동에서 모시개 곧 저동까지는 버스나 택시를 타지 말고 걸어
가는 것이 좋다. 저동 가는 저동재 오르막에는 무릉정(武陵亭)이라

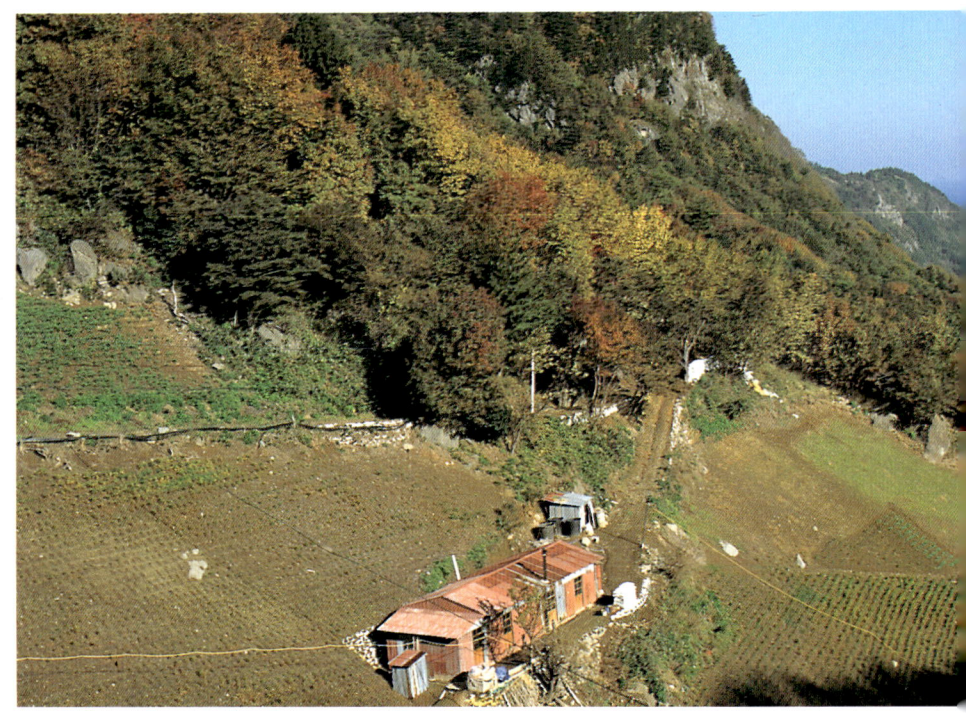

는 사정(射亭)이 있는데 여기서 도동을 굽어보는 경치가 그만이가 때문이다.

무릉정이라는 이름은 새길수록 재미있다. 원래는 '울릉 사람들 무인 기개 키우는 도장'이라는 뜻으로 지은 것이겠지만 앞의 두 자가 이상향을 뜻하는 무릉도원(武陵桃源)의 무릉과 같아 '무릉도원에 세워 놓은 정자'로 풀이되기도 한다. 섬 일주의 첫머리에서 이런 화두(話頭)를 얻은 이는 울릉도 여행을 그만큼 깊이 있게 할 수 있을 것이다.

저동재 내림길은 경사 가파른 울릉도 길들이 대체로 그렇듯 갈지(之)자 길이다. 이런 데는 반드시 걷기 좋아하는 사람들에게 주

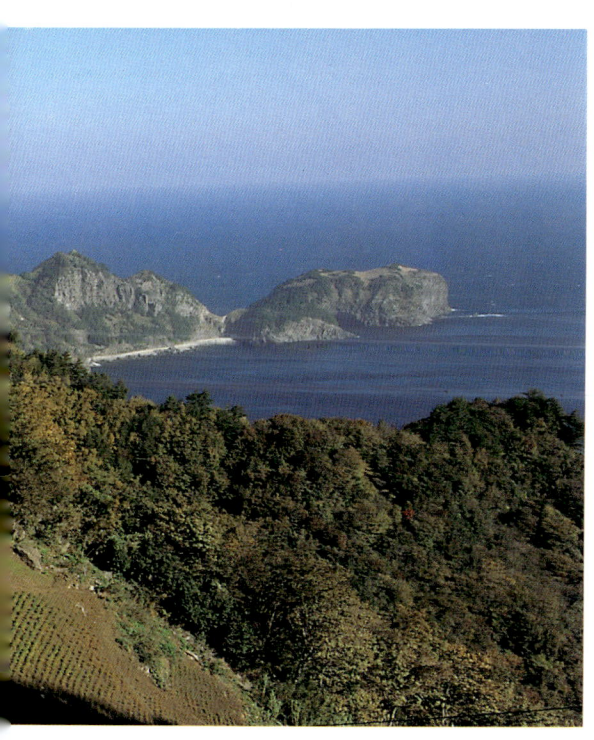

저동과 섬목 사이 와달리의 외딴집
울릉도의 집들은 대평원의 미국 사람들이 타운십(township)을 이룬 것처럼 띄엄띄엄 있다. 정들깨 석포가 특히 뚜렷한데 대개 집 주변을 밭이 두르고 그 밭가에 생나무 울타리가 쳐졌다.

는 보너스, 지름길이 있다. 사람들은 찻길이 나기 훨씬 전부터 저동 재를 넘나들었을 테니까.

첫번째 지름길은 고갯마루를 지나자마자 있다. 농로만한 폭인데 근래에 넓혔는지 흙투성이어서 비닐 하우스를 덮는 데 쓰는 헌 카 펫을 깔아 놓았다. 길은 곧 찻길과 합해져 곧게 내려가다 오른쪽으 로 굽는데 그쯤 해서 또 하나의 지름길이 있다.

고개를 다 내려가면 느티나무 한 그루가 길 가운데 서서 분리대 노릇을 하는 옆에 울릉종합고등학교가 있다. 저동에 닿은 것이다.

개척 당시 모시가 무성해 모시개라 했다는 저동에는 어업 전진 기지와 어판장이 있다. 군청과 읍사무소 등 관공서가 몰려 있는 도 동이 울릉도의 행정 중심지라면 이곳은 경제 중심지인 것이다. 당연 히 경제의 3요소—토지, 노동, 자본의 하나인 토지가 넓어 울릉도에 하나밖에 없는 고등학교도 이곳에 자리잡았다.

모시개의 볼거리는 어항과 어판장, 봉래폭포, 촛대바위 등이다. 이 가운데 어판장은 먹거리가 있는 곳으로 새벽 4시쯤 가면 생선처럼 펄떡펄떡 뛰는 삶의 모습을 볼 수 있으며 싱싱한 횟감을 싼값에 살 수 있다. 그러나 그것은 하루 일과를 마치고나 먹어야 될 것이므로 울릉도를 찾는 이들은 낚시꾼이 아니라도 아이스박스 하나쯤은 갖 고 가야 할 것 같다.

봉래폭포는 어판장에서 3킬로미터 남짓 떨어져 있어 도동에 묵어 가지고는 가보기가 쉽지 않다. 게다가 '울릉도의 명동' 도동은 객창 감(客窓感)을 느끼기에는 너무 번잡스럽다. 이런 저런 이유로 울릉 도를 여행하는 이는 하룻밤쯤은 저동에서 보낼 일이다.

모시개에서 잘 때는 항구와 바다의 밤 풍경을 놓치지 않아야 한 다. 그 일등 자리가 바로 촛대바위. 원래는 저동 물굽이(灣) 가운데

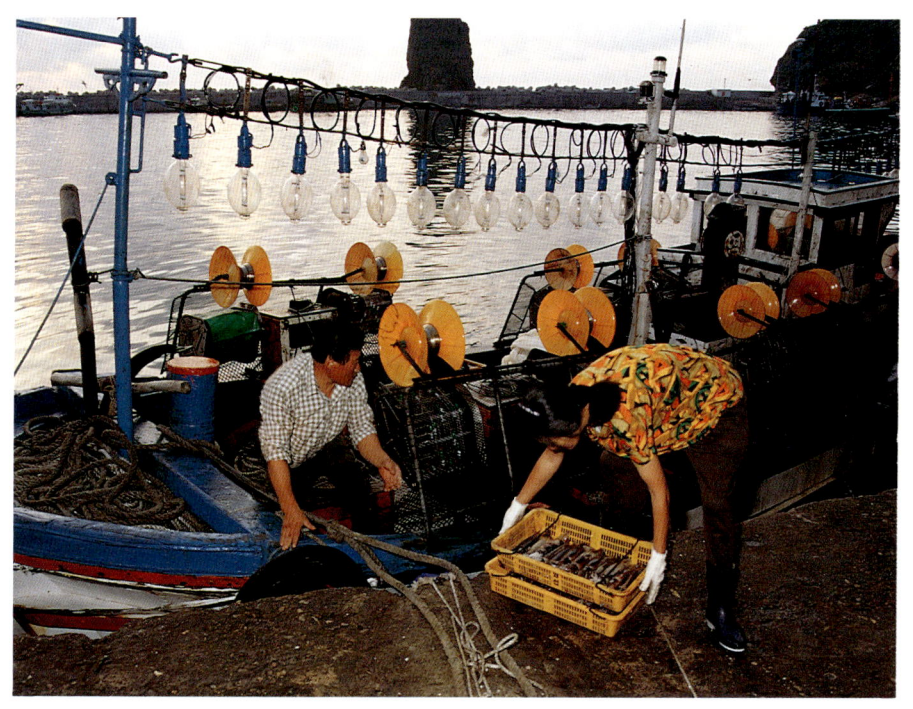

저동항의 아침 밤새 잡은 오징어를 한 아주머니가 바구니에 실어 내리고 있다.

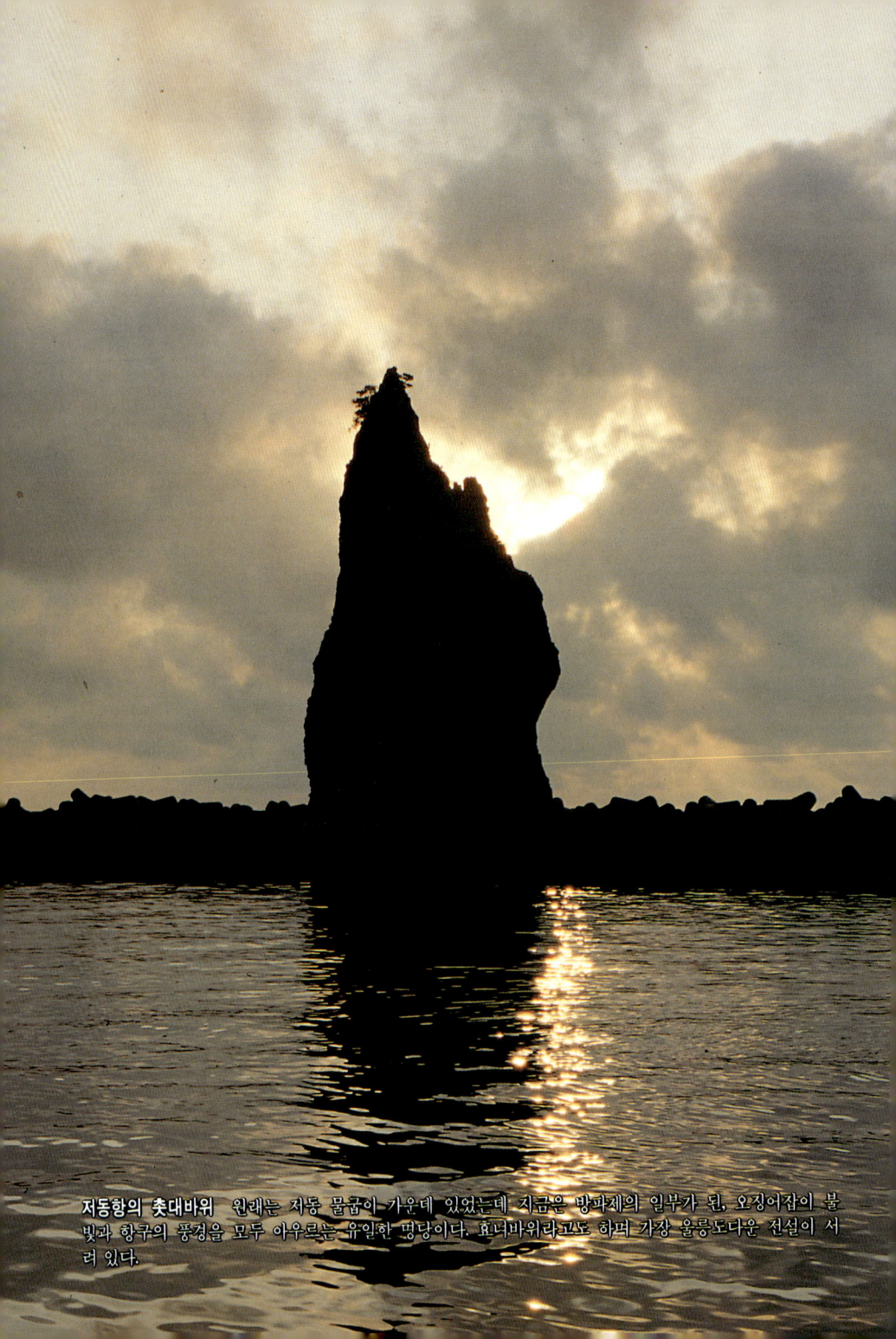

저동항의 촛대바위 원래는 저동 물굽이 가운데 있었는데 지금은 방파제의 일부가 된, 오징어잡이 불빛과 항구의 풍경을 모두 아우르는 유일한 땅덩이다. 효녀바위라고도 하며 가장 울릉도다운 전설이 서려 있다.

있었는데 지금은 방파제의 일부가 되어 오징어잡이 불빛과 항구의
풍경을 모두 아우르는 유일한 명당이다. 옆구리에 서너 명쯤 앉을
수 있는 우묵지는 '한데서 자기(등산 용어로는 비박이라고 한다)'
좋아하는 이들에게는 맞춤의 잠자리도 된다.

한자말로는 촉대암(燭臺岩)이라고 한다. 어느 것이든 생긴 모양과
는 상관이 없으므로 아무렇게 써도 된다. 전국 각지에 있는 이런 이
름과 모양의 수많은 바위들, 그것들에 딱 맞는 이름은 촛대바위에
다름 아니겠기 때문이다. 돛대바위니 송곳바위니, 그것의 한자 이름
인 추암(錐岩)이니 하는 따위도 한통속이다.

이 촛대바위에는 가장 울릉도다운 전설이 서려 있다.

옛날 모시개 마을에는 일찍이 상처(喪妻)한 노인이 딸과 단둘
이 살고 있었다. 어느 해 흉년이 심하게 들어 겨울 양식으로 쓸
옥수수가 폐농(廢農)되자 노인은 눈이 오나 바람이 부나 바다로
나갔다. 그런데 하루는 바다로 나간 노인이 돌아오지 않았다. 딸
은 "굶더라도 오늘은 쉬셔야 했을걸… 옥수수 농사나 잘 되었던
들… 바다가 웬수지" 하고 한탄하며 며칠을 기다렸으나 노인은
영영 소식이 없었다.

아버지를 잃은 딸은 먹는 것도 잊고 바다를 보며 눈물로 세월
을 보냈다. 마을 사람들이 찾아와 "산 사람이나 살아야지" 하며
마음을 전해도 막무가내였다.

그렇게 며칠을 굶은 딸에게 문득 아버지가 돌아오고 있다는 느
낌이 들었다. 그래 나가보자 싶어서 바닷가로 갔더니 파도와 파도
사이에 흰 돛 단 배가 떠오고 있었다. 그런데 그 배는 기다려도
기다려도 뭍에 닿을 줄을 몰랐다.

기다리고만 있을 수 없었던 딸은 파도를 헤치며 배 있는 쪽으로 나아갔다. 그러나 아무리 지극한 효성이라도 바다를 이길 수는 없었다. 지치고 지쳐 더 이상 갈 수 없게 된 딸은 그 자리에 있다가 돌이 되고 말았다. 이후 사람들은 그 돌을 효녀바위, 촛대바위로 부르며 딸의 효심을 기렸다.

큰모시개(大芋), 중간모시개(中芋), 작은모시개(小芋)를 차례로 지나 산모퉁이를 돌아가면 내수전. 맨 처음에 김내수라는 개척자가 화전을 일구고 살았다는 동네다. 지금은 내수의 전답은 없고 대신 화력 발전소가 있어 송곳산 아래의 수력 발전소와 함께 울릉도에 전기를 댄다.

발전소 앞에는 후박나무 숲에 싸인 '자연주의자의 쉼터'가 있다. 큰 돌이 빙 둘러 놓여 다리쉼 하기 안성맞춤인데 이런 자리가 마땅찮은 인공주의자라면 내처 100미터쯤 더 가 '내수전 가든'이라는, 원두막이 둘 달린 집으로 들어간다.

이후 길은 골짜기를 거스르고 있다. 내수전 약수터와 내수전교 옆의 상수도 수로에는 맛있는 물이 흐른다. 그리고 다리 건너에 주인 없는 무화과나무가 기다린다. 가위(秋夕)가 좀 지난 시절에 가면, 겉은 파랗고 속은 빨간 그 과일은 나그네 몫이다.

무화과나무를 지나면서부터는 솔잎 깔린 아름다운 오르막길이다. 이어 길은 평지라고 해도 무방할 정도로 완만해지는데 동백나무와 소나무가 터널을 이룬 그 황홀한 길 끝의 석산(440.9미터)목에 선 이에게 울릉도는 최고의 해안 절벽 풍경을 조감도(鳥瞰圖)의 각도로 보여 준다.

절벽과 포말과 군도(群島)가 보이는 길은 밤나무밭 윗길이다. 시

절 맞춰 간 이는 밤송이를 깔 일이다. 그때 석산은 단풍 화장을 한 얼굴로 내려다보고 있다.

등고선 따라 만들어진 길이 W자를 그리기 시작하면 '비밀의 화원'이 시작된다. 육지에서 보기 힘든 아름드리 오리나무도 있고 소나무에 오리나무를 접붙여 논 듯한 뭐라 이를 수 없는 나무도 있다. 전체는 태초의 적막이 흐르는 어둑한 분위기다. 그런 산허릿길이 1킬로미터쯤 계속된다.

그 곳을 지나면 완만한 구릉에 띄엄띄엄 집이 하나씩 있고 집 둘레로는 대합 껍질 안 모양의 밭이 펼쳐지며 그 바깥은 후박나무와 섬대나무와 소나무가 울을 이룬 이색 지대가 보는 이를 놀라게 한다. 이곳이 정들깨, 정들포라고도 하는 석포다.

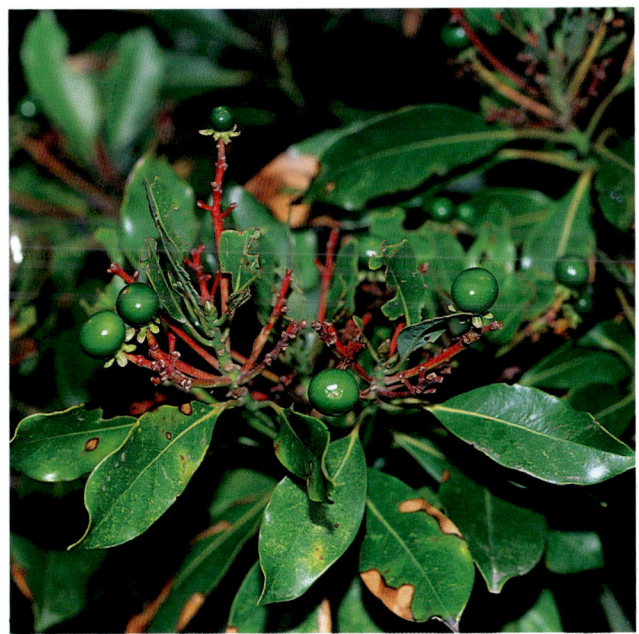

후박나무 난대성 나무로 울릉도와 남쪽 지방, 일본, 대만, 중국 남부에 산다. 꽃은 5, 6월에 피고 7월경에 검은 자주색 열매를 맺는다.

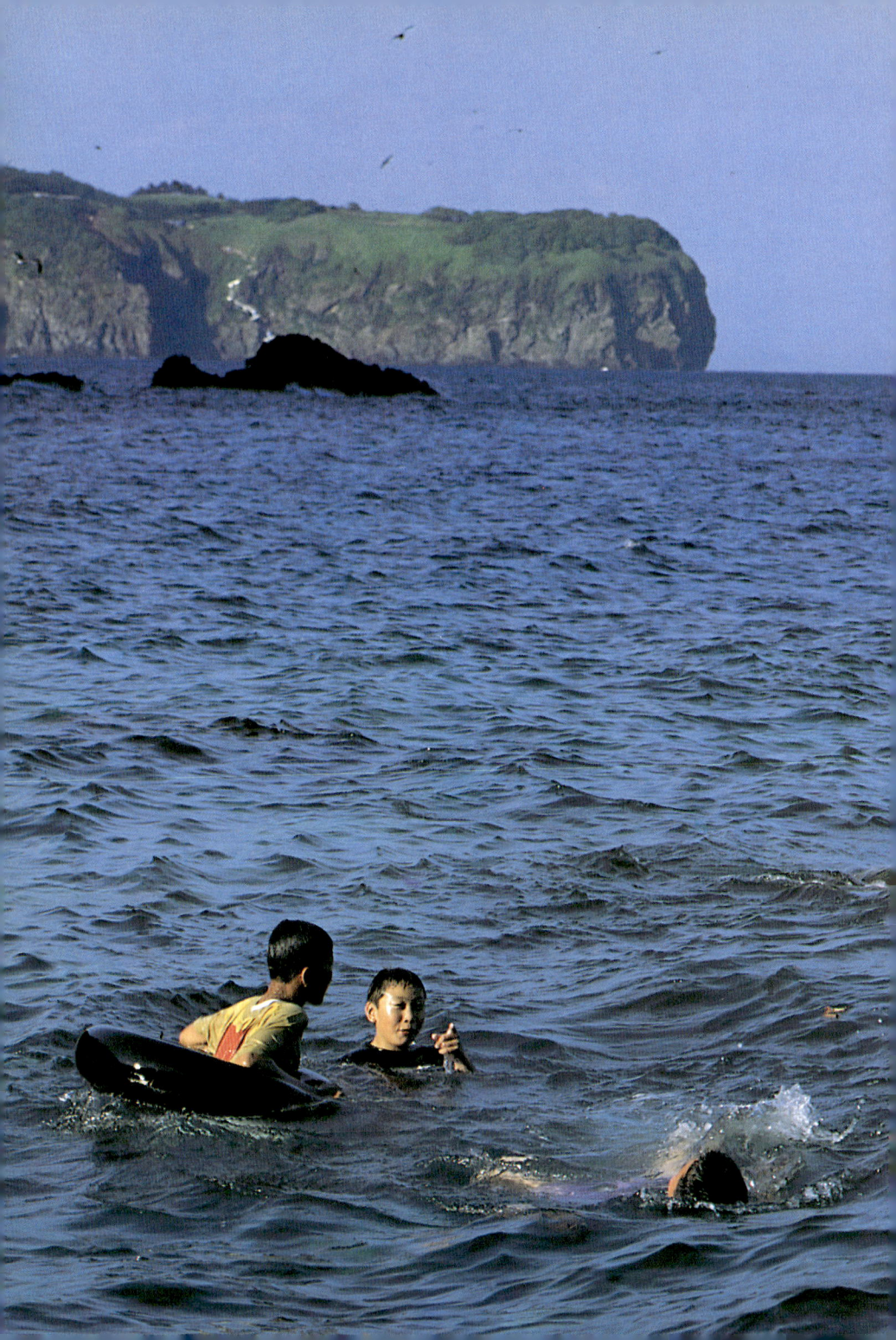

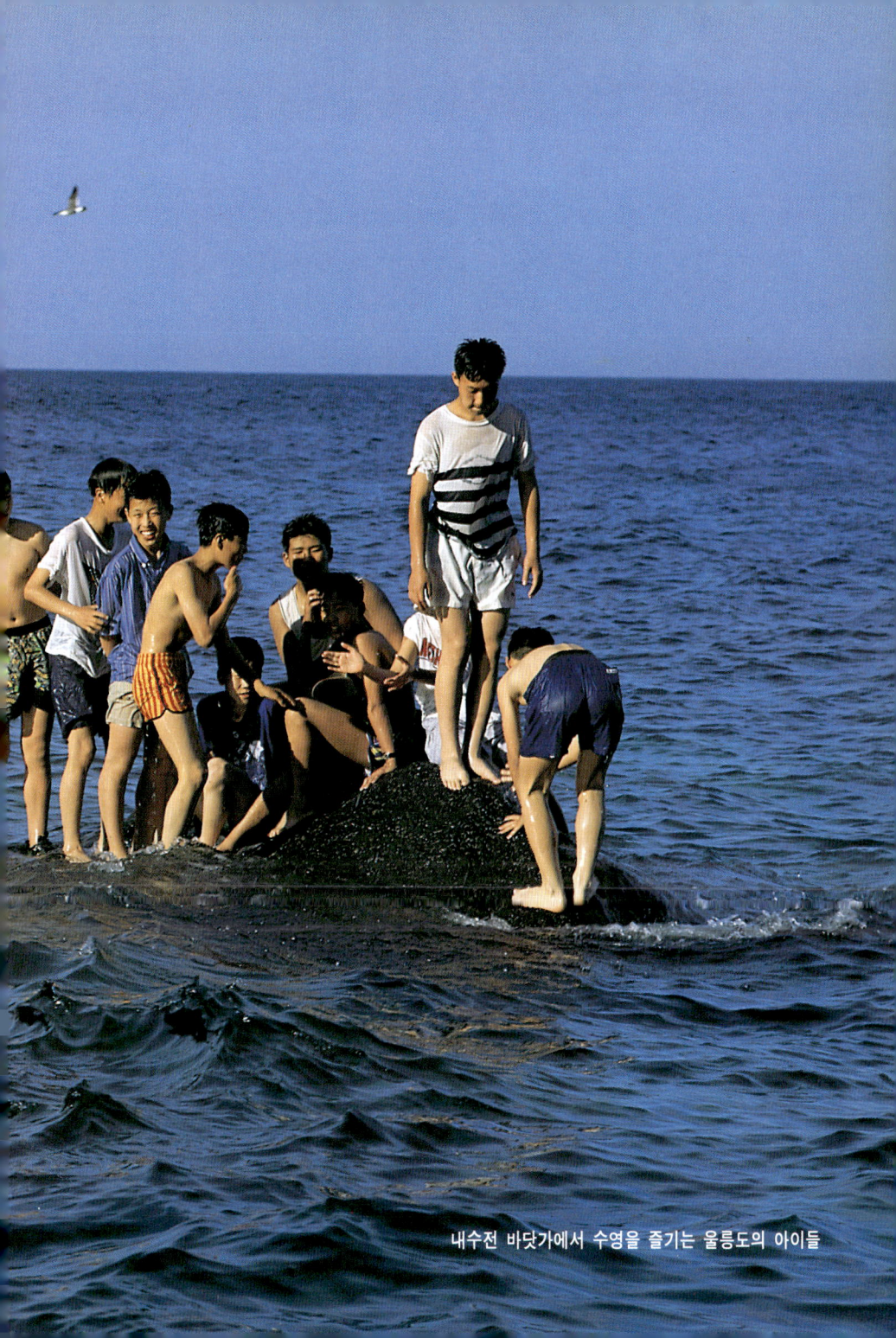

내수전 바닷가에서 수영을 즐기는 울릉도의 아이들

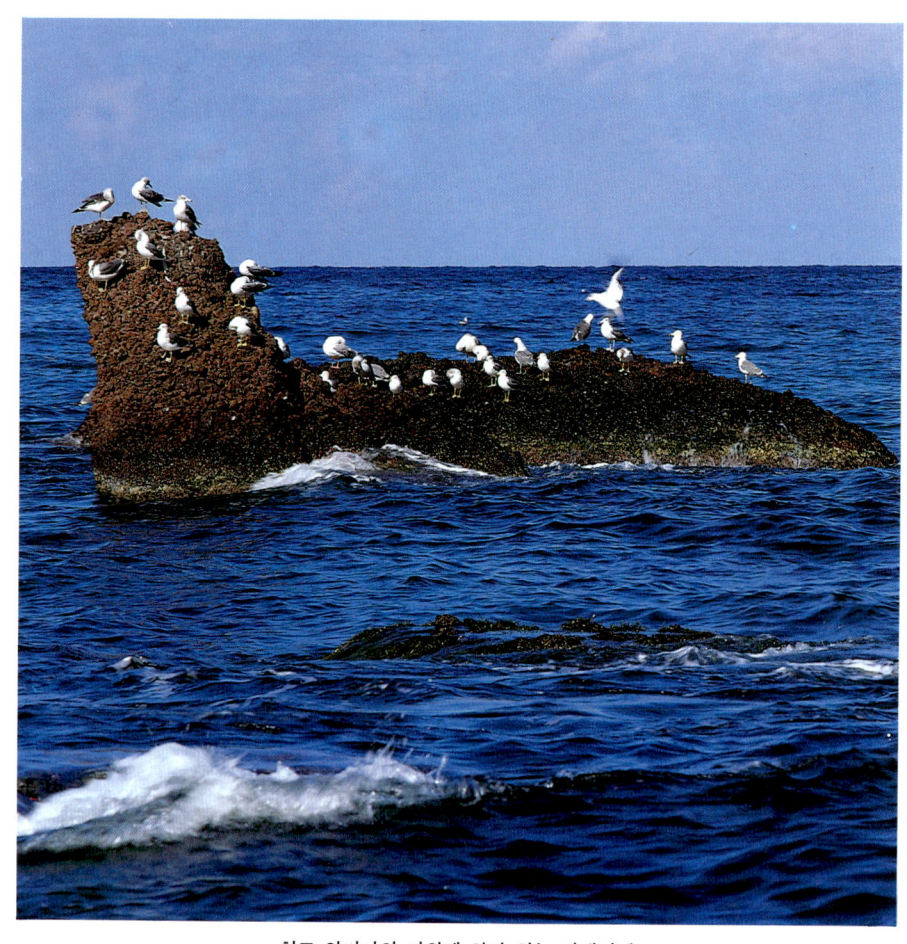

현포 앞바다의 바위에 앉아 있는 갈매기떼

이곳에 터 잡은 개척자들이 어찌어찌하여 타지로 떠날 때면 울지 않고는 못 배겼다는 아름다운 마을, 아름다운 이름의 정들포는 벼랑 위의 낙토(樂土)다. 거기다 아래의 바다에서는 땅과 마을이 있으리 라고는 꿈에도 생각지 못할 승지(勝地)이기도 하다. 그래선지 『정감 록』 이래 동쪽 곧 "간방(艮方)이 길(吉)하다"는 간방 사상의 영향으 로 명당을 찾아온 이들도 수없이 많았다. 이런 터전의 이름을 왜정 때 일본인들이 저들 멋대로 석포로 바꿨다.

간방 승지라는 풍수적 믿음 외에 다른 방면으로도 이곳은 명당이 다. 러시아와 일본을 제압할 수 있는 유일의 요지인 것이다. 그래서 일본인들은 이곳에 해군과 육군 부대를 두었다고 한다.

정 붙일 만한 땅은 생김도 특이하고 생나무 울타리도 많아 마을 사람의 도움을 얻지 않고는 제대로 길을 잡아 나가기가 어렵다. 대 강 말하자면 폐교가 된 분교께에서 등성이로 올라야 한다. 양쪽에 섬대나무 빽빽한 마을 고샅 같은 길을 따라가면 네거리 잘루목이 나오는데 거기서 오른쪽으로 가파른 길을 내려가야 바른 길, 옛날에 선창이 있었던 곳이 나온다. 곧바로 가면 두루봉 등대, 왼쪽으로 빠 지면 대바위 곧 죽암(竹岩) 마을이다.

옛 선창에서 오늘 선창으로 가는 해안에서는 바다가 전쟁을 한다. 그렇지만 64미터의 섬목 터널(관선 터널)을 지나면 바다는 언제 그 랬느냐 싶게 잔잔하다. 그 바다는 고기 비늘처럼 펄떡이거나 양철 지붕처럼 쨍쨍하다. 눈부신 자외선 뒤의 수평선에서는 남태평양의 그것 같은 뭉게구름이 수없이 피어 오르고 있다.

섬목께에 있다고 그냥 섬목이라고 부르는 오늘 선창은 갈매기의 아파트 단지다. 30미터쯤 되는 쳐다보기조차 고개 아픈 절벽—사람 아파트로 치면 7층쯤 된다—에 갈매기들이 빈틈 없이 둥지를 틀고

누대(累代)를 뚫칠하며 살고 있다. 하여 검은 절벽 여기저기는 희끗 희끗해졌고 아침저녁 갈매기들이 떼로 짖을 때면 이방인은 귀를 막 아야 한다. '동물의 왕국'에서만 경험할 수 있는, 싫지 않은 소음의 난장판이다. 이런 기경(奇景)은 해안에서 저만치 떨어져 도는 유람 선에서는 결코 볼 수 없다.

여느 여행자는 이쯤에서 철선을 타고 잠자리 찾아 돌아갈 것이다. 그렇지만 다리 힘 좋고 호기심 왕성한 이들은 오던 길을 되짚어 일 주에 나설 것이다. 앞질러 가는 버스 속의 사람들에게 미소 띤 손을 흔들며.

다시 보는 전쟁의 바다는 더욱 격렬해져 있다. 관선 터널 다음에 만나는 바위 문에 들어서면 파도는 사방 막힌 절벽 구석으로 나그 네를 밀어붙여 박살내 버릴 듯이 으르렁거린다.

아수라장을 벗어나면 해안 절벽의 각도는 파도와 우호적으로 변 한다. 이렇게 대바위 마을을 지나고 또 한 번 절벽 모퉁이를 돌면 하늘 찌르는 송곳산과 덩달아 붉거진 노인봉(199.5미터), 앞바다의 구멍바위(孔岩)가 어우러진 탁 트인 하늘, 천부(天府)다.

천부 가기 직전의 이 해안 풍경은 그 화려하기가 울릉도에서 으 뜸이다. 송곳산과 노인봉의 수직선에 끝없는 바다의 수평선, 반달 모양의 해안선….

천부의 본래 이름은 일본인들이 울릉도의 나무를 도벌해 실어 날 랐다 하여 붙여진 왜선창(倭船艙)이다. 이런 '부끄러운 과거'를 가 졌던 까닭에 일본인들은 한일 합방이라는 합법적(?) 교두보를 마련 해 다시 돌아와서는 그 흔적을 없애려고 저들식 이름 천부로 감쪽 같이 바꾼 듯싶다(1994년 학계에서는 합방 당사자인 고종이 조약문 에 도장을 찍지 않았다는 증거를 잡아 한일 합방이 국제법상 불법

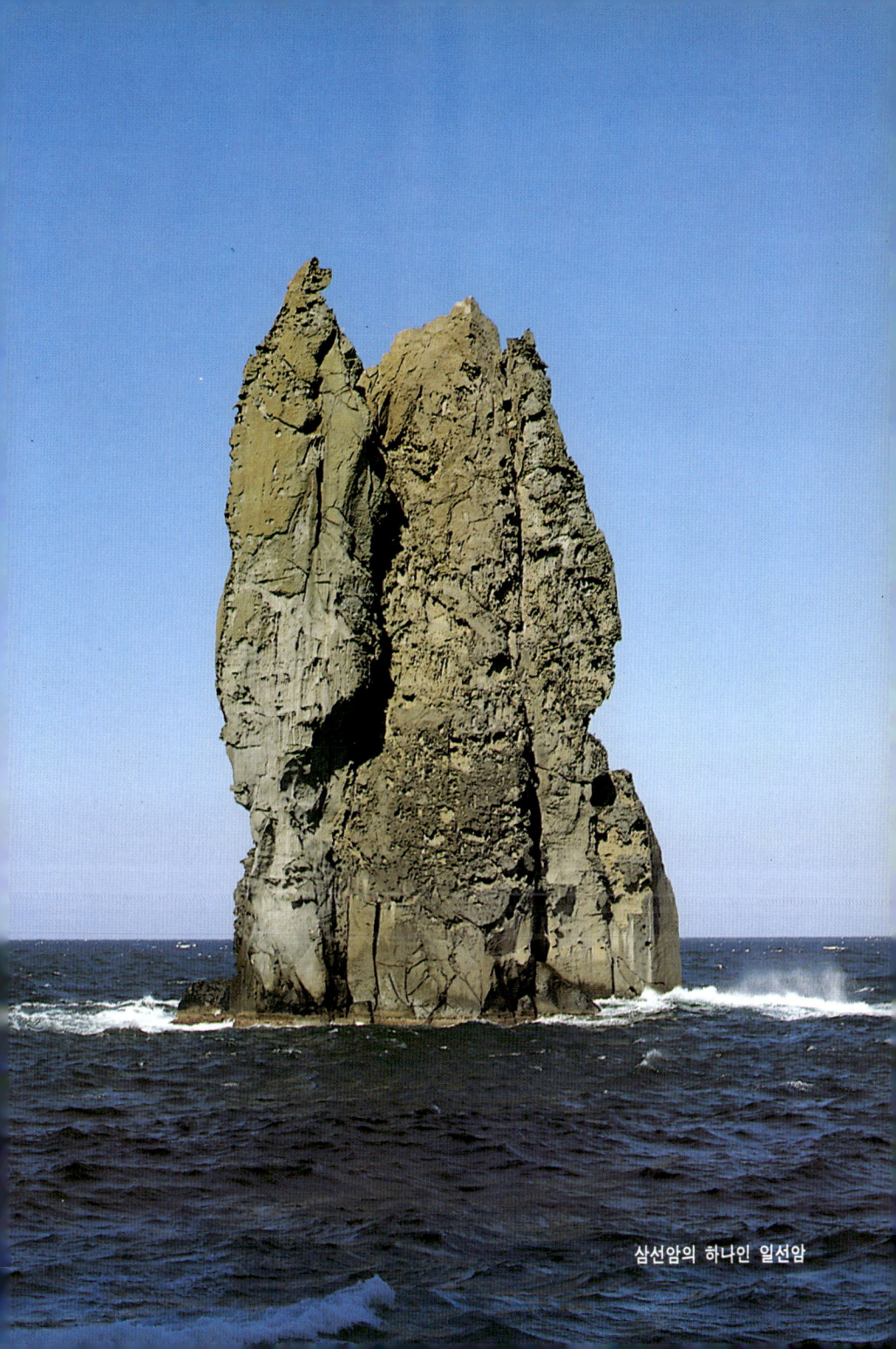

삼선암의 하나인 일선암

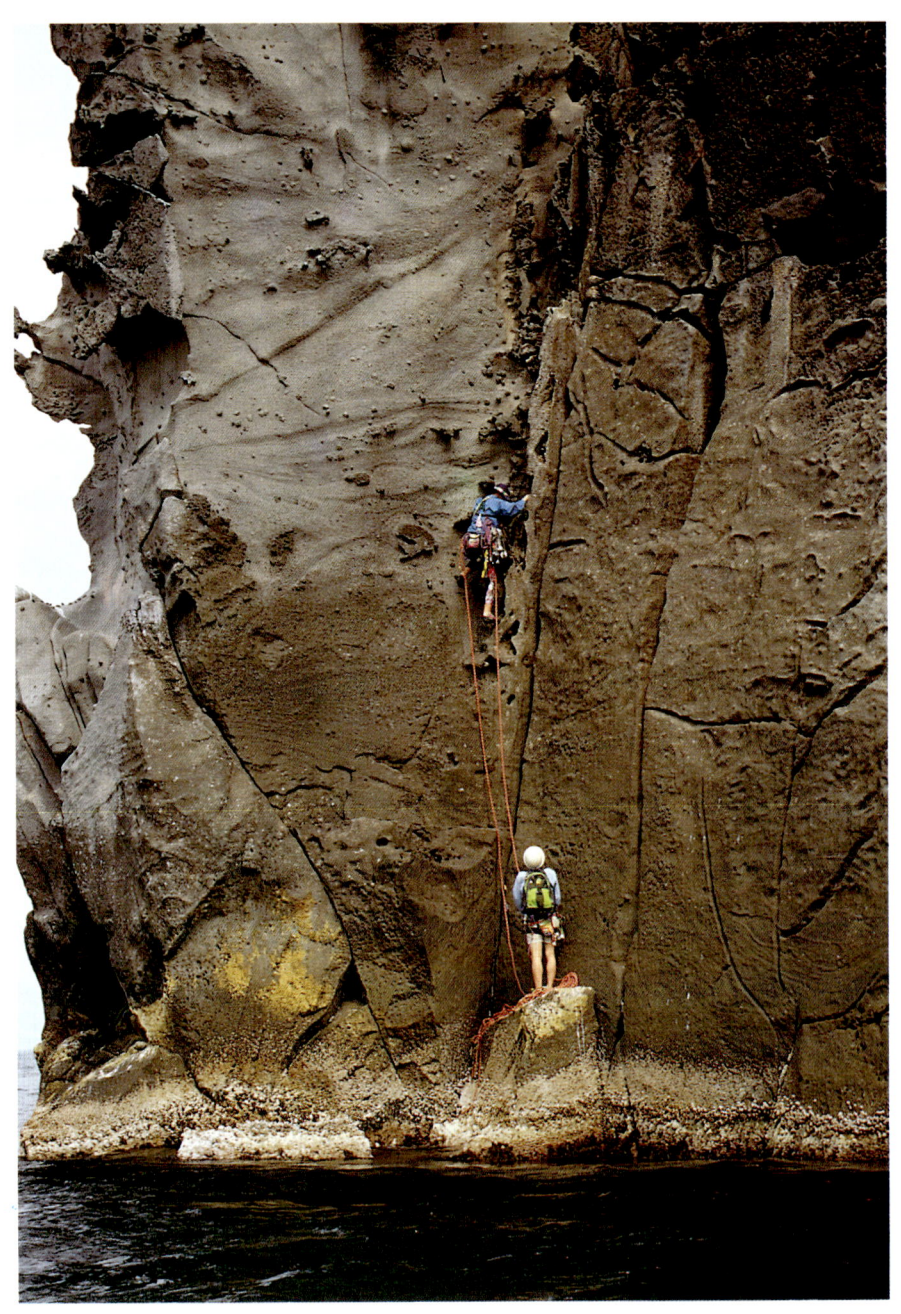

산악인들이 일선암을 오르는 모습

이라고 밝힌 바 있다).

천부에는 바람 나오는 구멍 풍혈(風穴)이 있다. 여름이나 겨울이나 항상 5도쯤을 유지하는 자연의 신비다. 길가에 있고 앞에 나무시렁 쉼터를 꾸며 놓아 쉬어 가기에 좋다.

바다에서부터 430미터를 그대로 뽑아 올린 송곳산은 한국 최고의 암벽 등반 대상지기도 하다. 그래서 산악인들은 종종 일선암과 이곳을 올라 배 타고 다니는 유람객들을 놀라게 한다. 오르는 이 없어도 볼 만한 그 '송곳'을 돌아가면 막걸리 파는 가게가 있는 평리가 나온다.

천부에서 한바탕 거리니 쉬어갈 때도 되었다. 가겟집 탁자에 앉으면 구멍바위가 지척이다. 코끼리바위라고도 한다는(요새 지은 소리겠다. 옛날에는 코끼리를 본 사람이 없었을 테니까) 그 바위섬은 볼수록 코끼리를 닮았다. 물 속에서 막 고개를 내민 모습이다. 흡사 고래와 줄다리기 하다가 숨쉬러 나온 놈 같다.

막걸리 맛은 좀 싱겁다. 울릉도 사람들 말로는 물이 좋아 맛이 기막히다지만 물을 많이 탄 듯하다. 말이 나왔으니 말이지 울릉도는 물맛 하나는 이땅에서 덮을 곳이 없다.

흔히 말하는 "쇠(돌)가 물을 낳고 물은 나무를 낳고…" 하는 오행사상(五行思想)에서처럼 돌이 좋은 곳의 물맛이 뛰어난 것은 사실이다. 이땅에서 물맛 좋은 돌은 화강암인 바, 그 재질이 가장 좋은 데는 포천 청계산이고 그래서 아랫동네 이동면 막걸리는 호(號)가 났다. 산 다닌 지 20년쯤 되는, 이 산과 저 골 물맛을 구별하는 사람의 결론이다.

그렇지만 이는 하나는 알고 둘은 모르는 소리다. 환태평양 화산대에서 화산 활동이 가장 왕성한 캄차카 반도(살아 있는 화산이 200

개쯤 된다)에 가서 보니 눈 녹인 물인데도 청계산 것보다 몇 배는 나왔다. 거기서 결론은 "물맛은 화산암 지형의 것을 따를 수 없다"로 수정되었다. 알다시피 울릉도는 화산섬이다.

거문작지(玄圃)에는 일찍부터 사람이 살았다. 바다로 향한 삼태기 모양이라 배 타고 온 외지인들이 우선 닻을 내리게 생긴 탓이다. 그 흔적으로 서른여덟 기의 돌무지무덤(積石塚)과 돌성터가 있다. 신라 말 고려 초의 것으로 추정하는데 이 때문에 우산국의 도읍이 여기

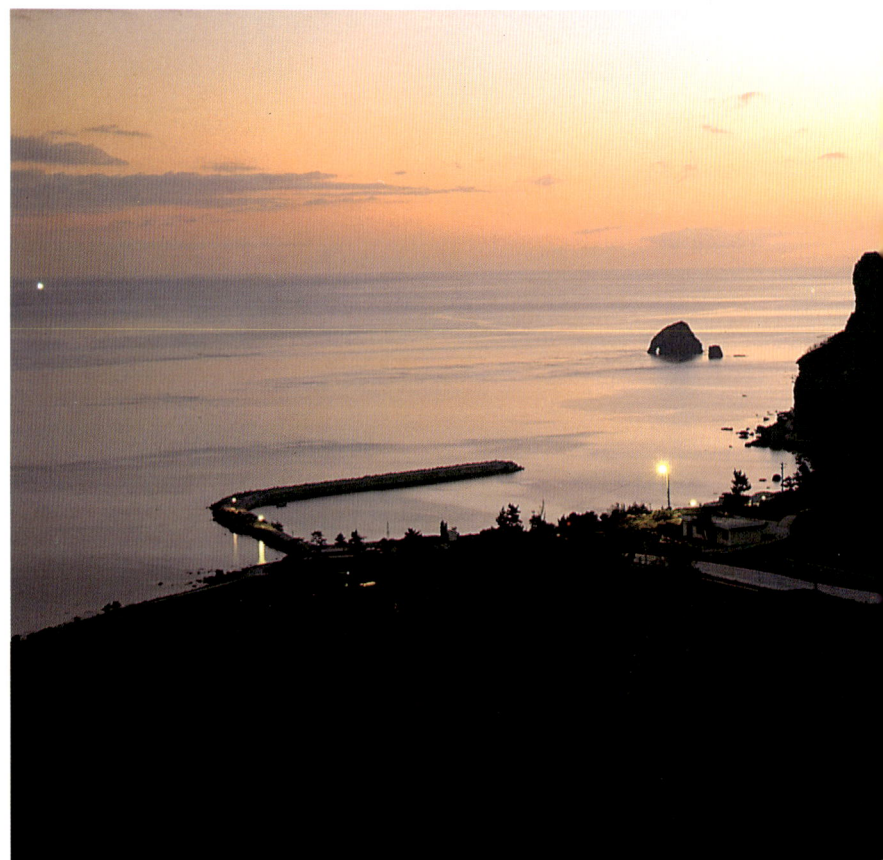

가 아니었을까 하고 생각하는 이들이 많다. 이 밖에 왜선창에 셋, 대바위에 넷, 돌문골(石門洞)에 둘, 황토구미에 둘, 아록사(沙洞)에 하나, 그리고 골계(남서리)에 서른일곱 해서 모두 여든일곱 기의 돌무지무덤이 있었다고 1963년의 국립박물관 고적조사보고 제4책 「울릉도」는 밝히고 있다.

여기서 옛날 울릉도는 지금처럼 동부가 아닌 서부가 중심이었음을 알 수 있다. 비교적 너른 땅이 많고 배가 닿기 쉬운 까닭에 그런

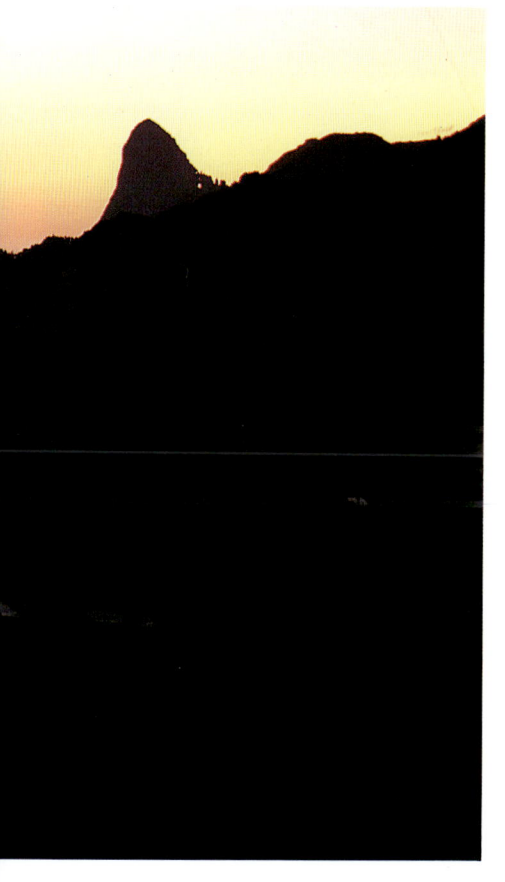

현포의 새벽 풍경 현포에는 일찍부터 사람이 살았다. 바다로 향한 삼태기 모양이라 배 타고 온 외지인들이 우선 닻을 내리게 생긴 탓이다. 오른쪽이 송곳산, 그 아래가 노인봉, 앞바다의 것은 구멍바위다.

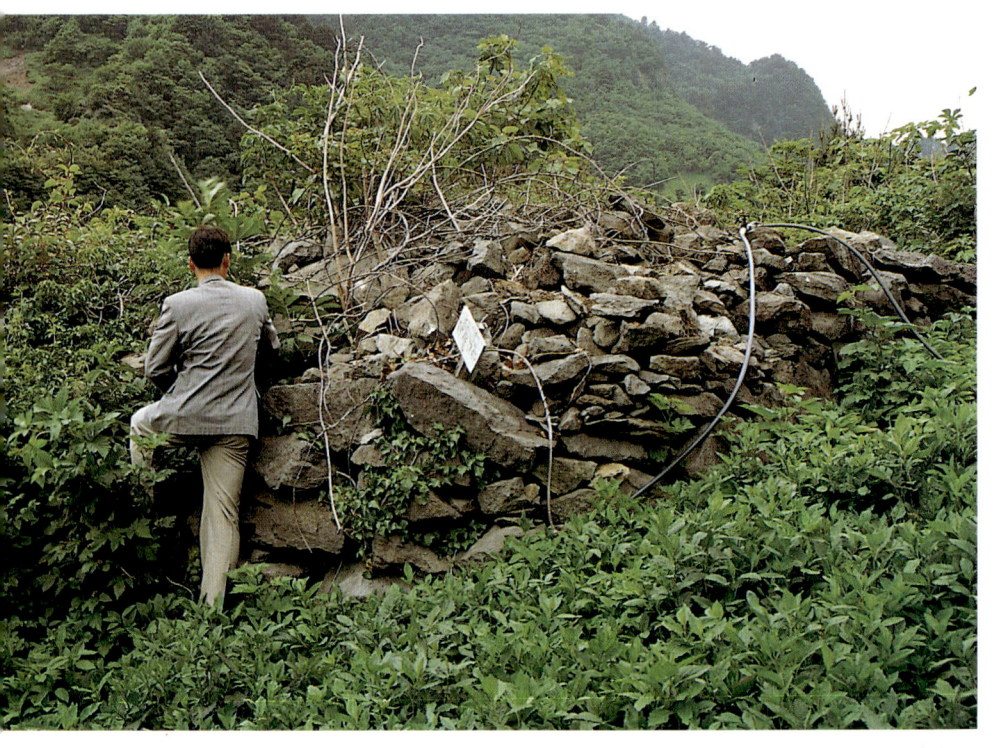

남서리 돌무지무덤　울릉도에는 모두 여든일곱 기의 돌무지무덤이 있다(1963년 현재). 종종 역사가 끊어진 이 섬의 유일한 고고학적 유물이다. '우산국 있었음'의 흔적이라고 하는 사람도 있지만 학계에서는 신라 말 고려 초의 것으로 추정한다.

듯한데 사실 황토구미에 있던 치소(治所)가 도동으로 옮아간 것은 겨우 1907년이다.

　거문작지에서 군내 버스의 종점 황토구미로 가려면 재만등과 향나무재(香木嶺)를 넘는다. 그러나 향나무재에 출입 금지 구역이 생기면서 그 길은 덤불에 덮였고 지금은 지통골 가던 현포령으로 찻길이 나 있다.

재만등을 오르며 뒤돌아보는 거문작지는 한 폭의 그림이다. 항구에는 배들이 한가롭고 띄엄띄엄 있는 샛봉(草峰, 608.2미터) 비탈의 농가들은 이내 속에 졸고 있다. 키가 큰 미루나무가 전원 풍경을 연출할 때 밭가에서는 백로가 눈알을 대록대록 굴린다.

영마루 넘어 내려가는 굽이 길은 산악미가 압권이다. 재만등에서는 듬직한 장사 같던 샛봉은 바위 험상스런 뒷모습을 보여 주며 미륵산까지 줄기를 이었다. 정면에는 464미터, 501미터, 644미터의 '송곳'들이 하늘을 찌르며 솟아 있다.

고개를 내려와 붉은 황토의 땅 황토구미로 가다 보면 오른쪽 산줄기에서 눈이 떨어지지 않는다. 한 푼의 과장도 없는 750미터 폭의 바위 병풍이 펼쳐지기 시작하는 까닭이다.

황토구미의 명소는 성하신당(聖霞神堂)이라는 해신당(海神堂)이다. 마을 뒤쪽(현포령을 넘어갈 때는 들머리)의 솔숲에 있는데 전설도 그렇거니와 그 안에 있는 신상(神像)이 무척 사실적이다. 울릉도 사람들이 배를 새로 만들어 바다에 띄울 때 반드시 와서 비는 곳으로 얼마나 영험한지, 우상 숭배를 않는 섬 안의 기독교 신자들조차 무시하지 않는다. 이곳에는 다음과 같은 이야기가 전해오고 있다.

조선 태종 17년(1417) 조정에서는 삼척 만호(萬戶 : 종4품의 수군 장교. 정3품의 수군절도사 직속으로 오늘날 육군으로 치면 대대장급) 김인우를 안무사(按撫使)로 삼아 울릉도 사람들을 육지로 이주시키게 했다. 명을 받은 안무사는 전선(戰船) 두 척을 끌고와 황토구미에 정박시켰다.

섬사람들을 모조리 끌어 모아 출항을 앞둔 날 밤 안무사의 꿈에 해신이 나타나 동남동녀(童男童女)를 두고 가라고 했다.

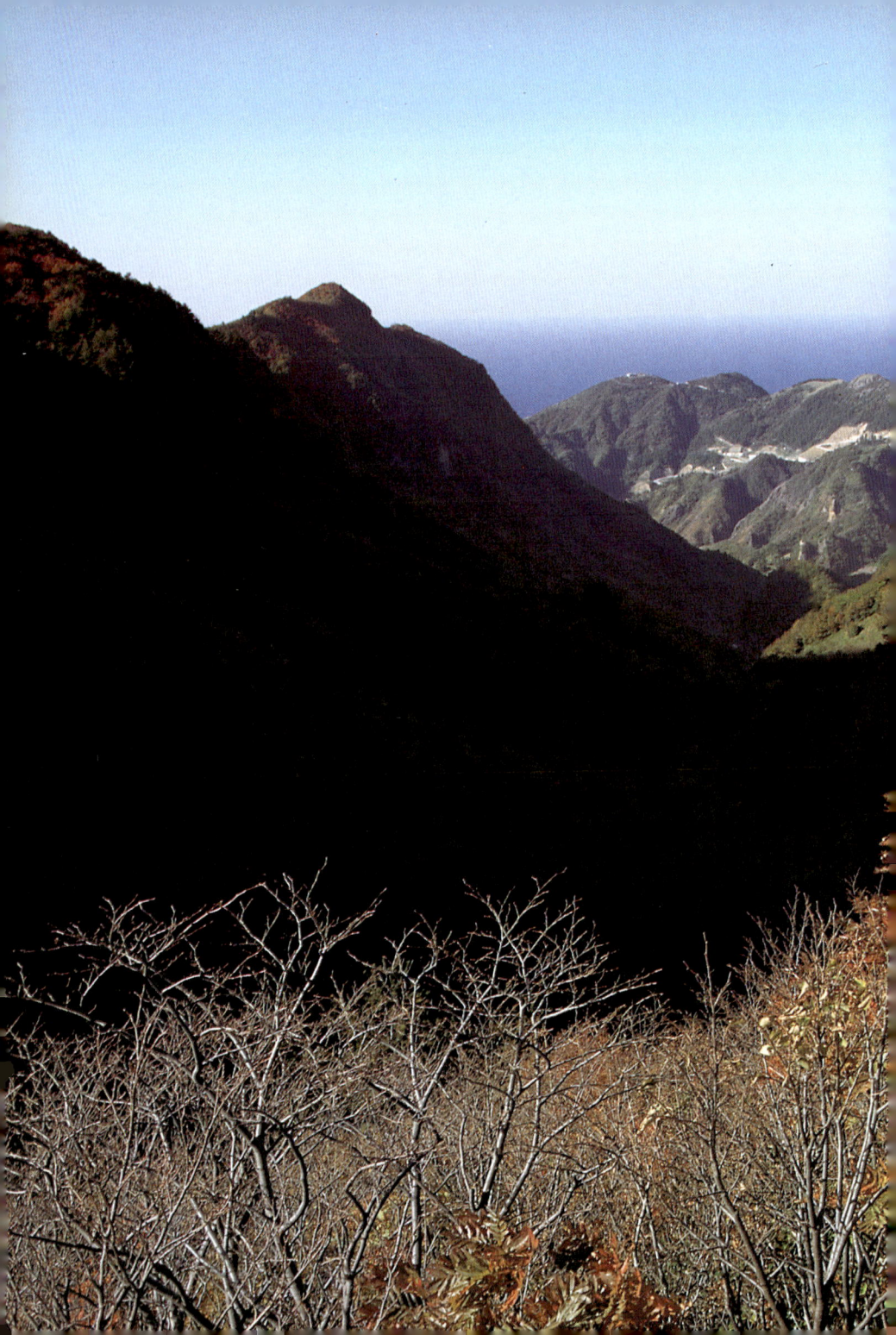

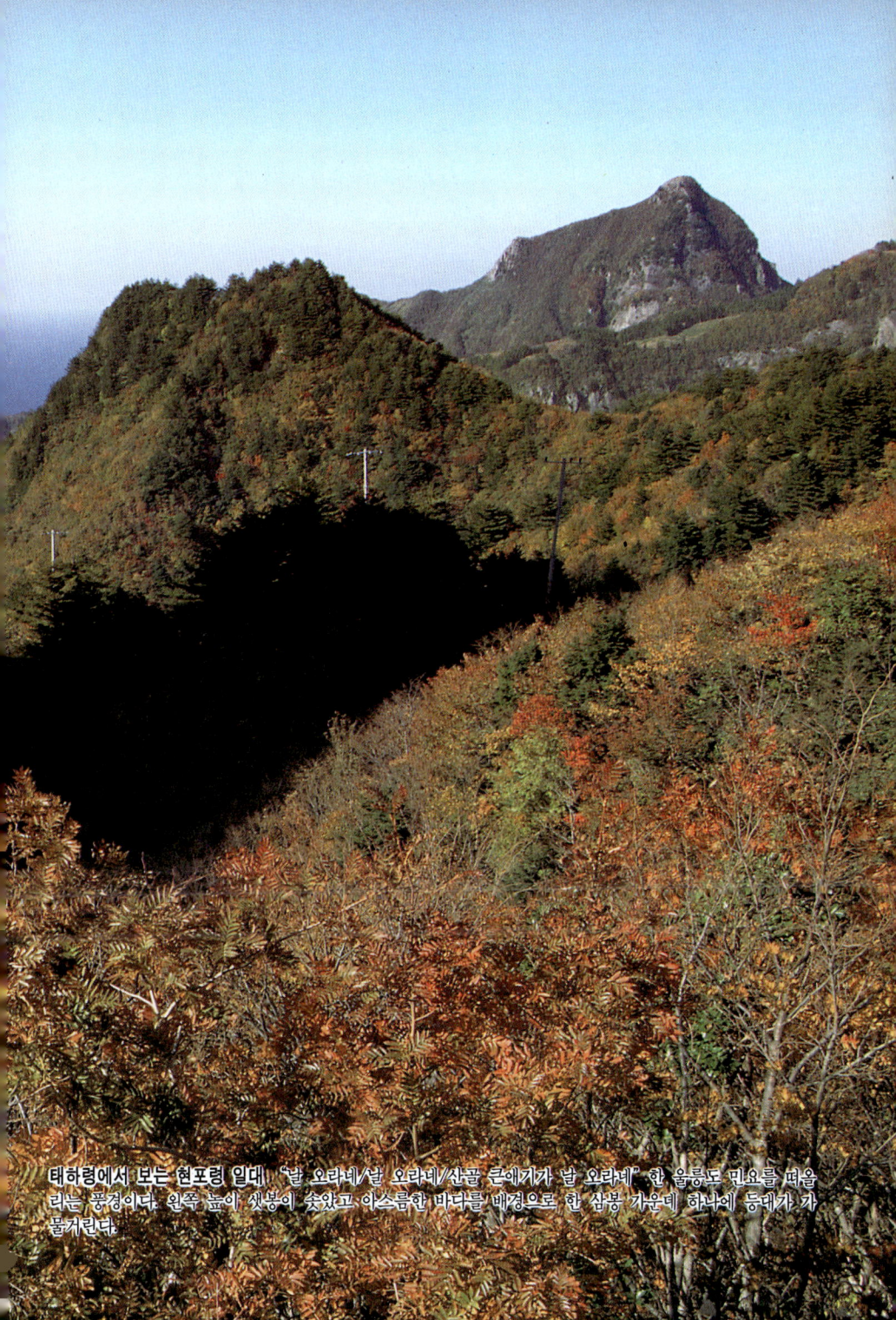

태하령에서 보는 현포령 일대 "날 오라네/날 오라네/산골 큰애기가 날 오라네" 한 울릉도 민요를 떠올리는 풍경이다. 왼쪽 눈이 헷봉이 솟았고 아스름한 바다를 배경으로 한 삼봉 가운데 하나에 등대가 가물거린다.

그러나 그는 개의치 않고 출항을 명령했다. 그러자 갑자기 풍파가 일더니 날이 갈수록 심해지는 것이었다.

며칠 동안 바람이 자기를 기다리던 안무사에게 문득 전날의 꿈이 떠올랐다. 그래 섬사람들 있는 곳으로 가 예쁘장한 소년 소녀를 가리키며 자기가 머무르던 곳에 필묵(筆默)을 두고 왔으니 가져오라고 시켰다. 그리고 총총히 닻을 올리게 했더니 풍랑이 거짓말처럼 가라앉는 것이었다.

육지로 돌아온 김인우는 언제나 그것이 꺼림칙했다. 그렇게 8년이 지났는데 조정에서는 다시 그에게 안무사를 맡겼다. 그리하여 재차 가본 울릉도, 예전에 그가 머물렀던 곳에는 꼭 껴안은 동남동녀의 백골이 있었다. 안무사는 그 곳에 사당을 지어 참회를 하였는데 이로부터 신당이 내려왔다.

신당 안에는 그 동남동녀의 모습이 밀랍으로 빚어져 있다. 여느 신당처럼 수염이 허연 할아버지가 아닌, 눈망울 초롱초롱한 소년 소녀가 주인인 것이다.

이 슬픈 전설의 주인공을 꼭 보아야겠다 싶은 이는 음력 2월 스무여드렛날을 맞춰 가면 된다. 그날 황토구미 사람들은 신당을 열고 동제를 지낸다(『삼국지』「위지」동이전 옥저조에는 옛날 울릉도에 소녀를 바다에 제사하는 풍습이 있었다고 전한다).

신당을 본 뒤에는 대풍감(待風坎) 곧 바람 (자기를) 기다리는 가미(곳)로 간다. 옛날 헌 배로 섬에 들어온 섬 북면의 개척자들이 새배 지어 고향 갈 때 바람 보던 자리다. 거기에는 등대와 천연기념물 49호 '향나무 절로 자라는 지역'이 있다.

들머리는 바닷가 황토 벼랑이다. 길은 벼랑을 타고 구불구불 올라

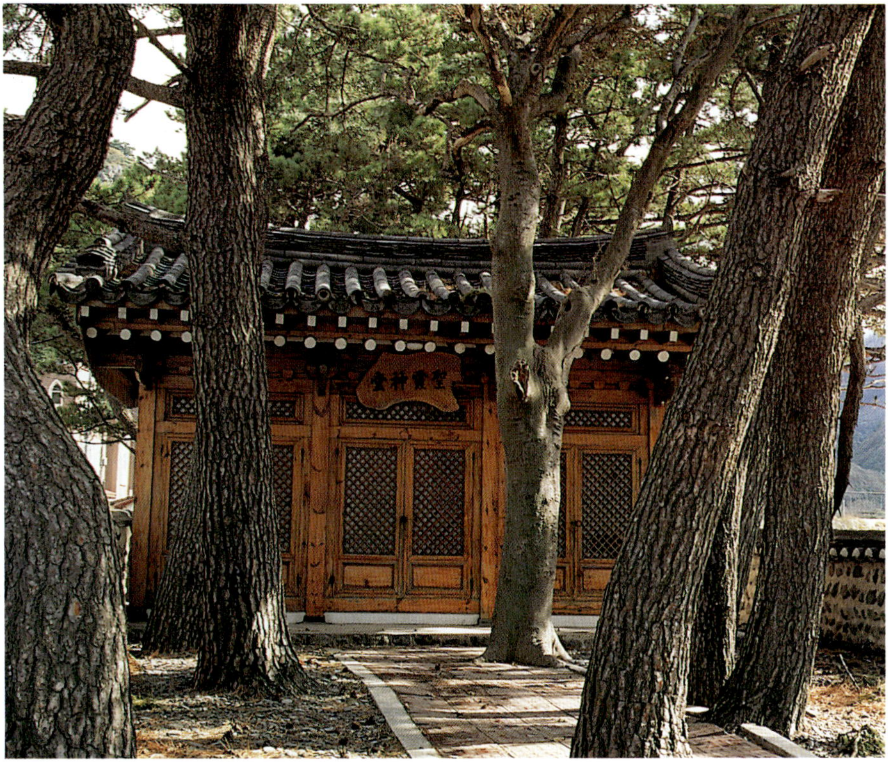

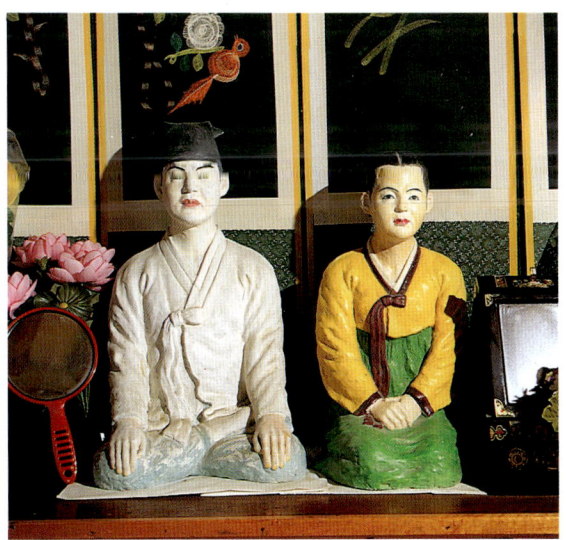

황토구미의 성하신당 마을 뒤쪽의 솔숲에 있는데 전설도 그렇거니와 그 안에 있는 신상(神像)이 무척 사실적이다.(위)

황토구미 성하신당 안의 돌남돌녀상(왼쪽)

가는데 중간에 돌아서 보는 경치가 일품이다. 이곳의 노을이 바로 우산팔경의 하나 태하낙조다. 그것에 취해 밤이 이슥하도록 앉아 있으면 수평선 너머 고깃배 불빛이 물 뿜는 고래로 보인다.

중간에 밧줄이 매인 벼랑을 다 올라서면 평평한 오솔길이다. 조릿대 숲을 지나 동백나무와 섬개야광나무의 터널을 통과하는데 햇빛 미끄러지는 그 두꺼운 청록 이파리 아래는 없는 시심(詩心)이 일어날 만큼 정밀(靜密)하다.

숲길 끝에는 눈부신 하얀 등대와 마음씨 좋은 등대지기 김병기 씨가 있다. 그에게 물을 달라면 주고 등대 구경을 부탁하면 보여 주고 향나무 사는 데를 물어 보면 가르쳐 줄 것이다.

'향나무 절로 자라는 곳'은 왜선창의 화려한 해안 경치가 내려다보이는 망대다. 향나무는 그 아래 절벽에 있다.

그것은 가이스카향나무 아래 두루뭉실한, 왜색조경(倭色造景)의 누운 향나무가 아니다. 불꽃처럼 끝이 뾰족한 야성 그 자체다. 한번 눈여겨보아 두면 높은 벼랑 위에 있어도 금방 알아볼 수 있는 특징을 지녔다. 익혀 돌리는 눈발은 끊긴 절벽 저편 곳곳에서 타오르는 푸른 불꽃들을 발견할 수 있으리라.

다시 황토구미로 돌아온 뒤에는 선창으로 간다. 어스름 저녁이면 마귀 할멈처럼 보이는 부근의 작은 만물상을 보기 위해서다.

선창에는 소, 돼지, 말, 개, 물개, 거북 등 없는 것이 없다. 그렇지만 멀뚱한 정신으로는 바위투성이일 따름이다. 이 작은 만물상과 멀리 작은황토구미의 진짜 만물상은 해질녘 배 위에서 술 한 잔 걸쳐야 제대로 보인다.

다시 산에 들어 오른길로 접어들면 280미터의 태하 터널이다. 그 굴로 들어갔다 나가면 만물상의 마을 작은황토구미인데 동네는 완

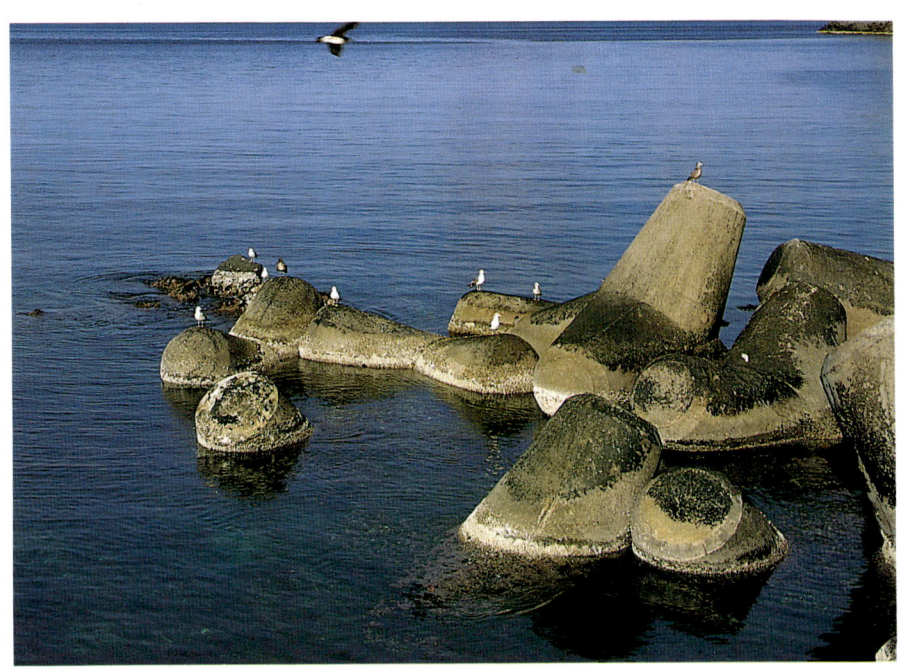

황토구미의 선착장 방조제 풍경

만한 산등성이 저 아래 바닷가에 오종종하니 모여 있다.

작은황토구미 번달의 끝은 고개다. 그 고개에서는 바로 그 '비경'의 장쾌한 파노라마가 펼쳐진다. 볼 자리는 등성이를 타고 바다 쪽으로 약간 내려간 바위 위다.

644미터 봉에서 용틀임하며 뻗어 내려오던 신줄기는 곧장 바다로 곤두박질친다. 코앞의 작은 등성이는 온통 조릿대밭. 단풍 들기 직전에는 진노랑색을 띠어 푸른 산과 절묘한 대비를 이룬다.

산은 허리에 바위 벼랑을 둘러 넘어갈 곳이 없다. 진퇴양난(進退兩難), 그렇지만 일단은 조릿대밭 사이로 뚜렷하게 난 길을 따라 가 본다.

모퉁이를 돌아 내려가면 집 한 채가 있다. 김종길 노인 부부만 사는 외딴집이다.

나그네는, 사람이 그리워 밥이든 뭐든 주지 않고 못 배기는 노부부의 신세를 반드시 져야 한다. 그렇지 않고는 벼랑 두른 산등성이를 넘어갈 방도를 알 수 없다.

노인은 이렇게 말할 것이다.

"여그서 100미터쯤 가다보면 질 왼짝에 밭이 하나 나오네. 그라면 밭으로 올라스소. 희미한 길이 보일 것이네. 그 길따라 가면 곧 빈집이고 빈집 마당을 지나면 밭 가운데로 내리막길이 나 있네. 내리막 끝에서 쬐끄만 골짜기를 건느소. 그라면 솔숲으로 드네. 솔숲 길은 약간 오르막인디 그렇게 감서 왼쪽을 잘 보면 길이 있네. 저그 벼랑 위에 소나무 하나 안 보이는가. 그리로 지나게 돼 있네."

노인이 가리키는 대로 따라가면 20분쯤 뒤 거짓말처럼 벼랑 위에 서게 된다. 이어 솔잎 깔린 정겨운 오솔길을 10분쯤 걸으면 후미진 골짜기 여기저기 축대가 보인다. 노인의 말로는 옛날에 마음이라는 마을이 있었던 자리라 한다(다른 사람 말로는 마암 곧 말바위 마을이 있었다고 한다).

집터에 키를 넘게 자란 섬자리공을 헤치고 소나무 이후 유일한 오르막인 나직한 등성이를 지나노라면 무심한 발걸음이 등날에서 골로 간다. 그렇지만 바른 길은 등날을 약간 타 오르는 듯하다가 향기 나는 솔잎 길로 이어진다.

다시 등날이 나타나면 이제는 그걸 타 내려간다. 끄트머리쯤에서는 왼쪽으로 틀어 "발밑이 간질간질한" 벼랑길을 23분쯤 간다. 그러다 내려서면 수층동(水層洞)의 바닷가다.

구바위(窟岩) 돌아 사태구미 보는 골계 가는 길은 절벽 아랫길, 파도 소리가 웡웡 울린다. 큰사자굴, 작은사자굴 지나면 코앞에 엄청나게 큰 사자가 바다를 보며 앉아 있다. 골계에는 또 끝이 뾰족한 투구바위가 하늘을 찌르고 있다. 뭔가 있을 듯한 예감이 든다. 이곳이 바로 '우산국 최후의 날'을 재구성해 볼 수 있을 무대다.

지증왕 13년이었다. 경주 일대의 작은 성읍 국가였던 사로는 주변의 성읍 국가들을 차례로 아우른 뒤 나라 이름을 신라로 고쳤다. 땅은 어느덧 오늘의 경상북도 전체와 추화국(밀양), 거칠산국(동래) 그리고 하슬라(강릉)까지 넓혀져 있었다.

그때 북쪽에서는 고구려가 내려오고 있었다. 그래 더 이상 북진이 어렵게 되자 지증왕은 전방 사령관인 하슬라의 군주(軍主) 이사부에게 동해에서 가장 큰 섬을 점령하라고 했다. 그 섬에는 우산국이 있었다.

그 나라 왕 우해는 신라가 쳐들어온다고 하자 맞아 싸울 각오를 했다. 천험의 요새인 골계로 승부처를 정하고 바닷가에 방책(防柵)을 세웠다.

드디어 수평선에 신라군의 함대가 나타났다. 우산국의 함대는 발진을 시작했다. 수전(水戰)이 시작되었다. 그러나 거개가 육군 출신인 신라군은 바다를 무대로 살아온 우산국 군대를 이길 수 없었다.

패잔병을 이끌고 하슬라로 돌아온 이사부는 한 번만 더 기회를 달라고 임금에게 사정을 했다. 그리고는 견문 좁은 우산국 군대를 겁주어 물리칠 전술을 세웠다. 사자의 계. 서라벌의 왕궁을 지키는 그 무시무시한 상상의 동물을 앞세워 저들의 전의(戰意)를 꺾는 것이었다.

제2차전. 신라군의 전함 뱃머리에는 나무로 만든 거대한 짐승이

앉아 있었다. 입에서 불을 뿜으며 천둥 같은 소리를 지르고 있었다. 맹수는커녕 뱀 한 마리 본 적 없는 우산국 전사들은 그 짐승에게 다가갈 엄두가 나지 않았다. 하나 둘 슬금슬금 꽁무니를 빼배를 대고 방책 뒤로 피했다.

골계 앞바다까지 온 이사부는 항복하라고 외쳤다. 항복하지 않

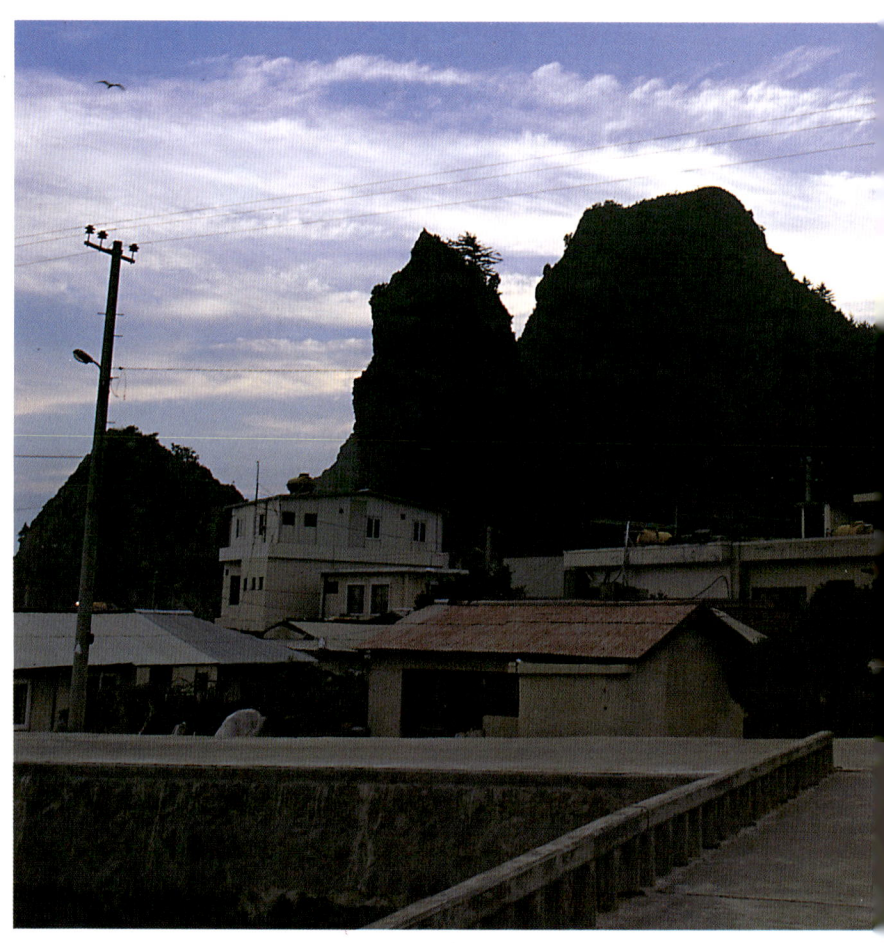

으면 이 짐승을 풀어 우산국 사람을 몰살시키겠다고 을러댔다.
  우해는 주위를 둘러보았다. 전사들은 거의 도망가고 몇몇만 남아 있었다. 하는 수 없었다. 투구를 벗어 던졌다.

  그 거대한 짐승이 상륙한 뒤에 변한 것이 사자바위고 우해왕이

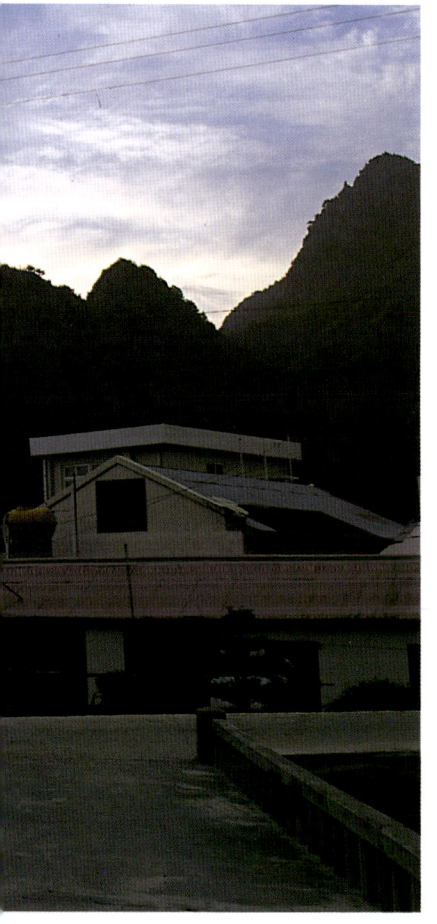

해질 무렵의 남양리 마을 뒤쪽으로 끝이 뾰족한 투구바위가 하늘을 찌르고 있다.

벗어 던진 투구가 지금의 투구바위라고 한다.

골계가 천험의 요새임은 돌문골에 들어가 보면 안다. 오른쪽에는 조면암이 국수가락처럼 갈라진 국수바위, 왼쪽에도 깎아 세운 듯한 절벽이 있어 어귀인 지통골에 기관총 한 정만 걸어 놓으면 돌문을 완전히 닫을 수 있게 생겼다.

그날 독전(督戰)의 나팔소리 요란했을 국수바위(비파산)를 안 올라볼 수 없다. 남서천 가로 난 신작로가 산자락과 만나는 곳이 들머리인데 그쯤 해서 검붉은 양철 지붕을 한 집이 있고 집 앞에 소 매놓는 벗나무가 있다.

그집 남쪽 담장을 끼고 산 쪽으로 올라가면 밭이 끝날 즈음에 통나무를 여럿 묶어 놓은 다리가 보이고 삼나무 두세 그루와 동백나무가 나타난다. 오른쪽으로 등날을 타고 가면 세 봉상의 묘가 있는 벌묵이다.

거기서부터 길은 오른쪽으로 산허리를 지르는데 묘 한 봉상을 지나면 월성 김씨와 부인의 묘, 그 위에 의성 김씨 묘가 산등성이에 있다. 이후 등성이를 따라 조금 가면 국수바위 남쪽 끝이다. 절벽에 큰 소나무가 있는데 그 앞 간질간질한 바위가 전망이 좋다.

발밑은 골계다. 돌문골과 남서리 양쪽의 냇물이 모이는 골이어서 이런 이름이 붙었다고 한다. 투구바위는 시선 아래 있고 그 너머에 눈이 시릴 정도로 푸른 바다가 끝없이 펼쳐져 있다. 돌아보면 돌문골, 사방을 산이 성처럼 두른 평지가 문 안에 있다. 예나 지금이나 더할 나위 없는 망대인 것이다.

국수바위를 내려와서는 내처 남서리—원래는 골계였는데 왜정 때 골계를 남양으로 바꾸면서 남양 서쪽이라고 남서리로 지었다—로 간다. 울릉도에 '우산국 있었음'을 유일하게 증명하는 돌무지무덤을

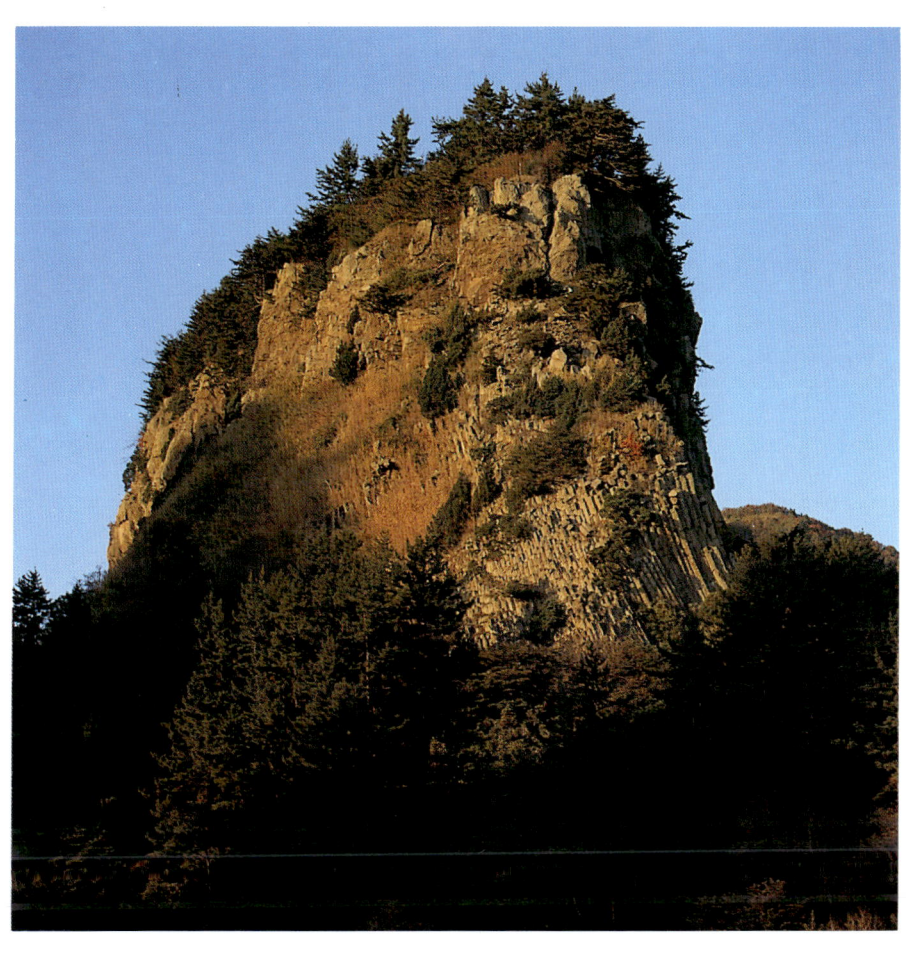

국수바위 골계가 천험의 요새임은 돌문골에 들어가 보면 안다. 오른쪽에는 조면암이 국수가락처럼 갈라진 국수바위, 왼쪽에도 깎아 세운 듯한 절벽이 있어 어귀인 지통골에 기관총 한 정만 걸어 놓으면 돌문을 완전히 닫을 수 있게 생겼다.

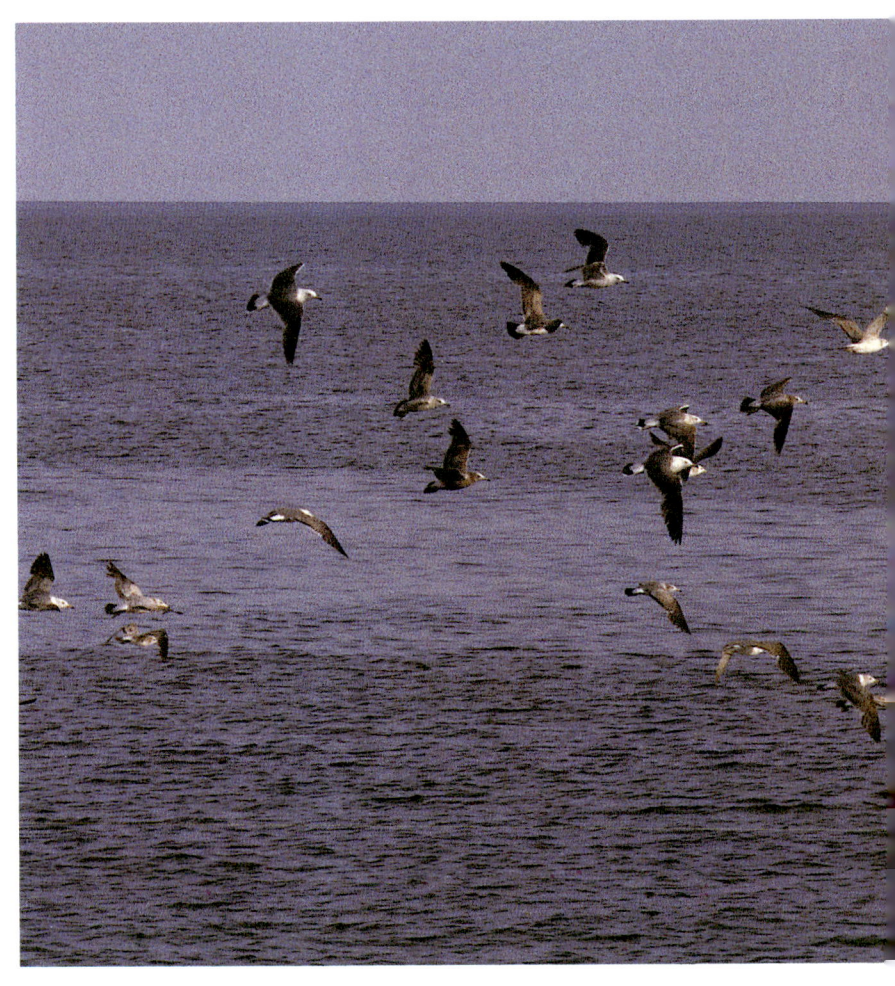

보기 위해서다.

무덤이 있는 등성이에서 투구바위는 아득히 멀다. 투구바위로 이어지는 골짜기 오른쪽 산울타리 위에는 블럭담 위의 유리조각 같은 산봉들이 열지어 섰다. 상어 아래턱을 연상시키는 그 풍경을 보고 있으면 결국 이렇게 무덤 하나 남길 인생인데 무얼 그리 아득바득

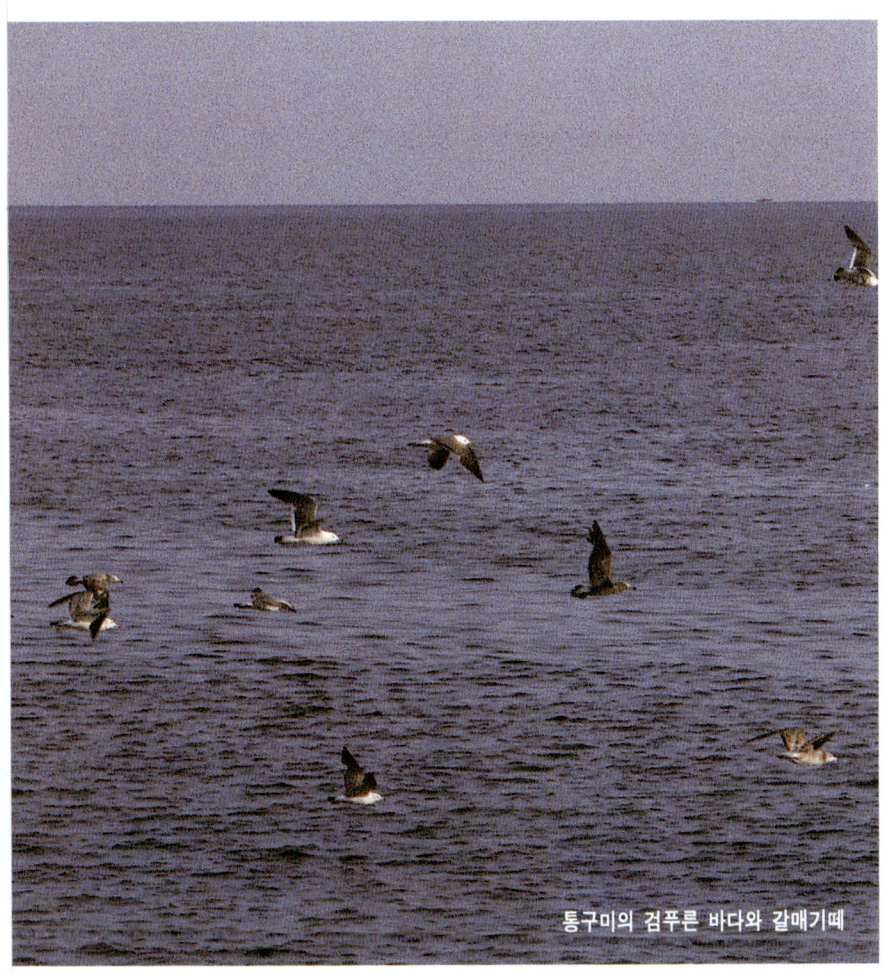

통구미의 검푸른 바다와 갈매기떼

싸워야 했나 하는 생각이 든다.

도동에서 오는 군내 버스 종점 골계에서 제1, 제2, 제3, 제4터널을 지나면 통구미(桶九味), 마을 뒤쪽 골짜기가 구유처럼 생겼다는 곳이다. 혀 짧은 일본인들은 '구유 통'자 발음이 어려웠는지 그들이 온 다음부터는 '통할 통(通)'자를 쓴다. 게다가 아무 의미도 없는

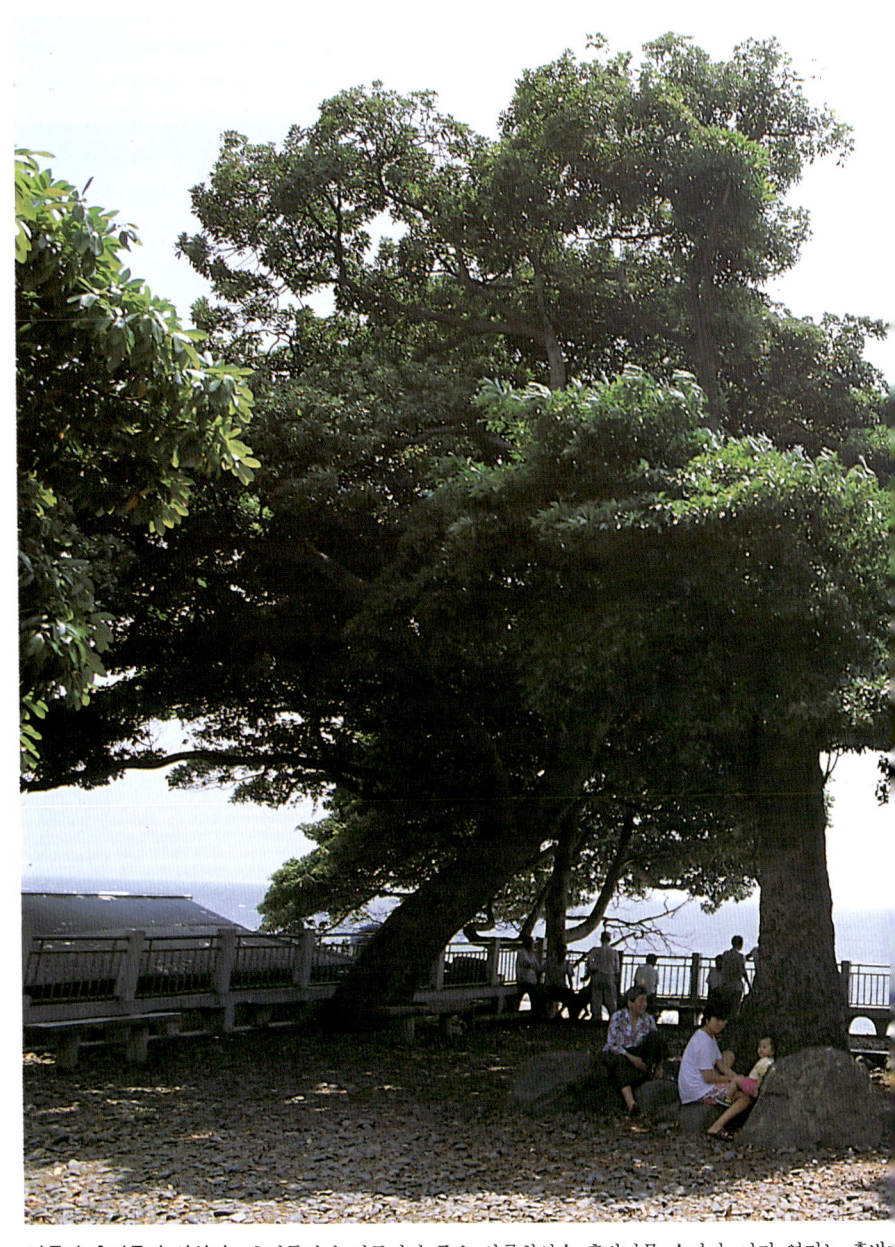

사동의 흑비둘기 서식지 흑비둘기가 깃들이기 좋은 상록활엽수 후박나무 숲이다. 여기 열리는 후박나무 열매는 흑비둘기가 좋아하는 먹이기도 하다.(위)

흑비둘기(사진 이형문, 옆면 아래)

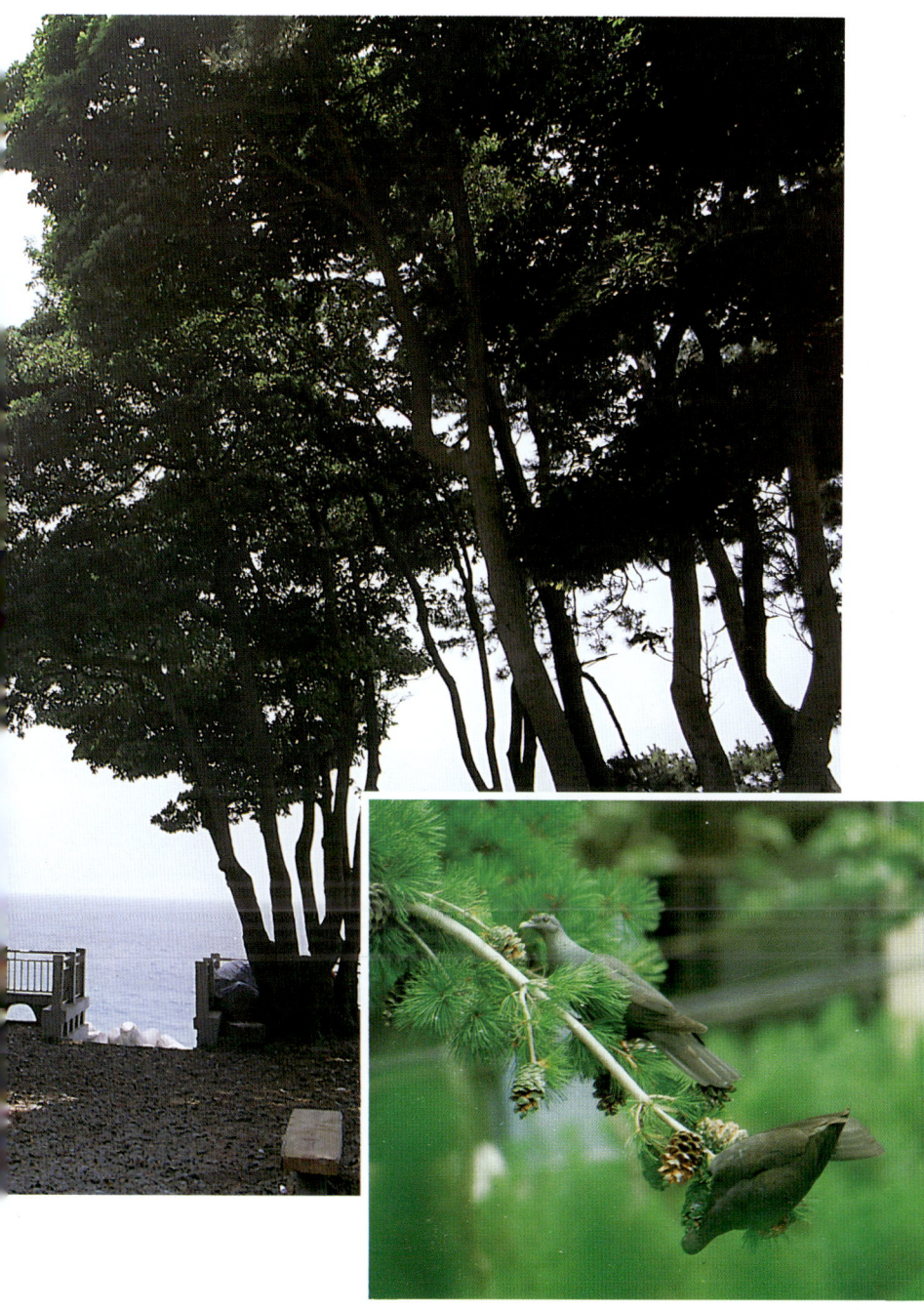

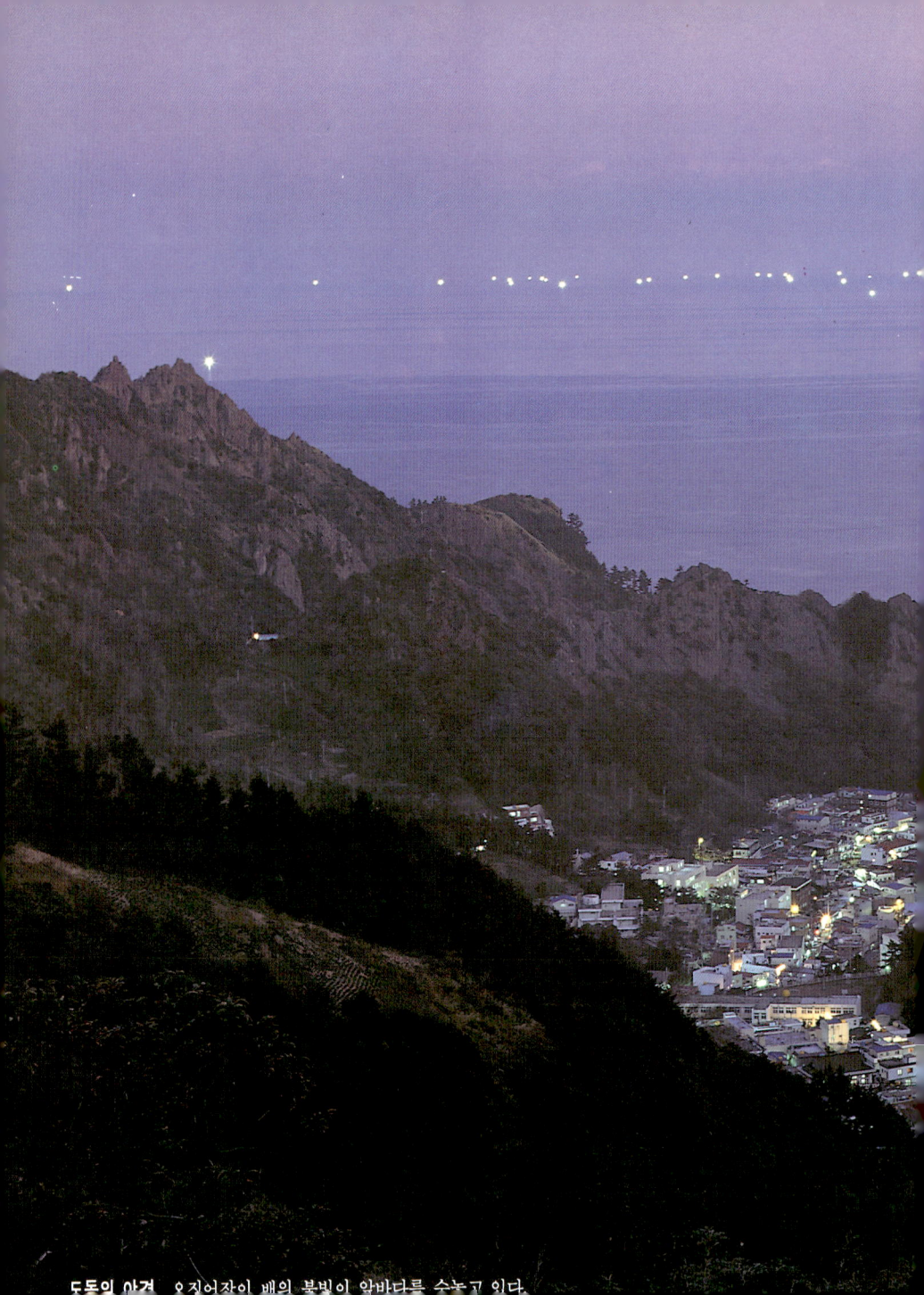

독도의 야경 오징어잡이 배의 불빛이 밤바다를 수놓고 있다.

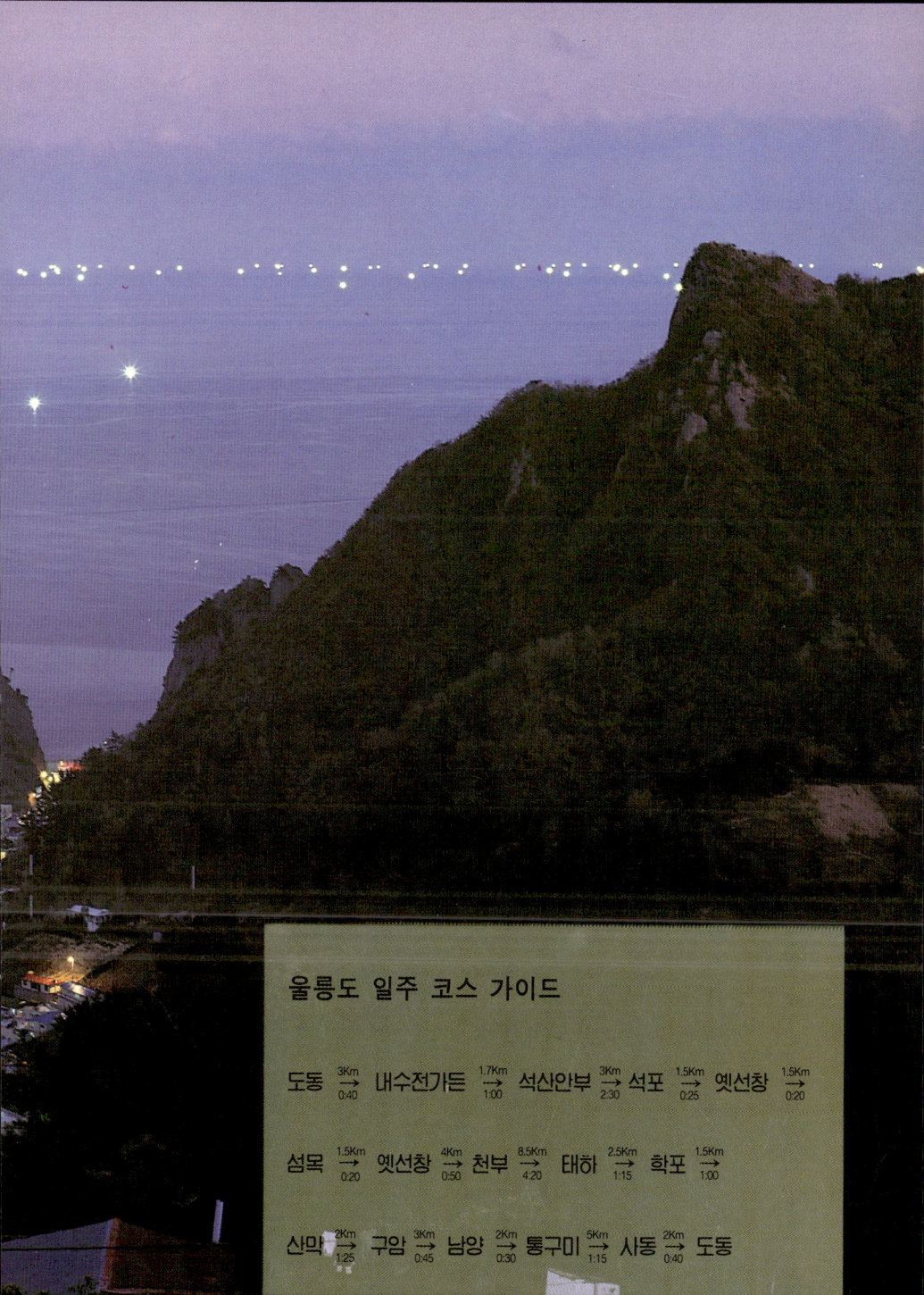

울릉도 일주 코스 가이드

도동 $\xrightarrow[0:40]{3Km}$ 내수전가든 $\xrightarrow[1:00]{1.7Km}$ 석산안부 $\xrightarrow[2:30]{3Km}$ 석포 $\xrightarrow[0:25]{1.5Km}$ 옛선창 $\xrightarrow[0:20]{1.5Km}$

섬목 $\xrightarrow[0:20]{1.5Km}$ 옛선창 $\xrightarrow[0:50]{4Km}$ 천부 $\xrightarrow[4:20]{8.5Km}$ 태하 $\xrightarrow[1:15]{2.5Km}$ 학포 $\xrightarrow[1:00]{1.5Km}$

산막 $\xrightarrow[1:25]{2Km}$ 구암 $\xrightarrow[0:45]{3Km}$ 남양 $\xrightarrow[0:30]{2Km}$ 통구미 $\xrightarrow[1:15]{5Km}$ 사동 $\xrightarrow[0:40]{2Km}$ 도동

역사

울릉도는 무릉(武陵), 우릉(羽陵 또는 芋陵), 우산(于山)으로 불렸던 섬이다. 1000년대 초 일본인들은 우루마로 불렸으며 1700년대 프랑스인들은 다쥐레(Dagulet)로 기록했다.

이두로 보아야 할 이 한자 표기들의 주류인 울릉과 우릉은 'ㄹ'이 하나 있느냐 없느냐의 차이다. 그리고 우산은 우뫼로 읽힌다. 여기에 일본인들의 우루마 곧 울마를 고려하면 울릉과 우릉의 받침 소리는 'ㅇ'이 아니라 'ㅁ'이었지 않나 싶다.

우뫼, 울마, 울름, 우름에 가장 가까운 소리는 우르뫼의 줄임말 울뫼다. 울릉도의 본래 이름은 이렇듯 산에서 온 것이다(울뫼의 울은 나리분지를 울타리처럼 두른 산들을 가리키는 듯하다).

울릉도의 산이라고는 성인봉밖에 없다. 그런데 그것은 산 없는 봉이다. 본래 산이었던 것이 봉으로만 이름이 남은 것이다. 이 추론이 맞다면 개관에서 언급한 가설은 여기서 정설로 입증된다.

울릉도에서 발굴된 가장 오랜 유물은 김해식 토기 전통이 약간 남아 있는 조잡한 갈색 승문토기(繩紋土器 꼰무늬 토기)다. 석기나

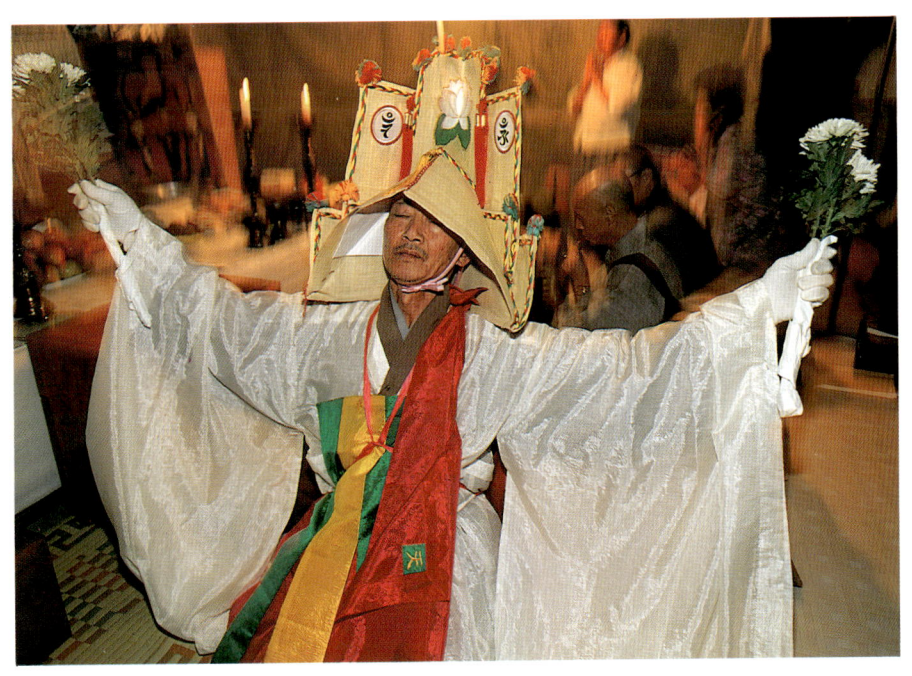

극락춤 해마다 울릉도에서 열리는 용왕제에서 한 스님이 극락춤사위를 보이고 있다. 극락춤은 조상들을 기쁘게 해 극락으로 가게 한다는 뜻을 담는다.

고인돌은 물론 없다. 이로 볼 때 울릉도에 사람이 처음 들어간 것은 김해식 토기 시대 후기인 1세기쯤으로 추정된다.

울릉도로 추측되는 것이 처음 나타나는 기록은 『삼국지』「위지」동이전 옥저조다.

고구려 동천왕 20년(246). 고구려에 쳐들어온 위나라 장수 관구검은 현도군의 태수 왕기로 하여금 동천왕을 남옥저(지금의 함남 남부 지역)까지 쫓게 하였다. 거기까지 온 왕기가 바다 동쪽에도 사람이 사느냐고 묻자 그 지방 사람이 "언젠가 풍랑을 만나 동쪽의 한 섬에 도착한 적이 있었는데 섬에는 사람이 살고 있었지만 말이 잘 통하지 않았고 칠월이면 소녀를 골라 바다에 빠뜨리는 풍습이 있다고 들었다"하더라는 대답이 돌아왔다.

이에 대해 일본인 역사학자 이케우치 히로시(池內宏) 박사는 그 섬은 틀림없이 울릉도를 가리키는 것이며 이 기록은 울릉도에 관한 가장 오랜 것이라고 한 바 있다.

우산국이라는 이름은 『삼국사기』부터 보인다. 바로 거기에 신라 지증왕 13년(512) 하슬라(강릉) 주둔군 사령관 이사부가 뱃머리에 나무 사자를 세워 우산국을 정벌했다는 기록이 나온다.

고고학자 김원룡 박사는 그 우산국 사람들이 낙동강 동쪽, 지금의 강원도와 경상도 바닷가 지방 출신들이라고 본다. 그랬기에 점령 당시 이사부의 나무 사자 거짓말이 통했다는 것이다(이사부가 거짓말을 할 때 통역을 썼는지는 알 수가 없다. 그러나 기록의 문맥으로는 직접 말한 것으로 보인다).

이후 400년 넘게 자취를 감춘 울릉도가 역사에 다시 등장한 것은

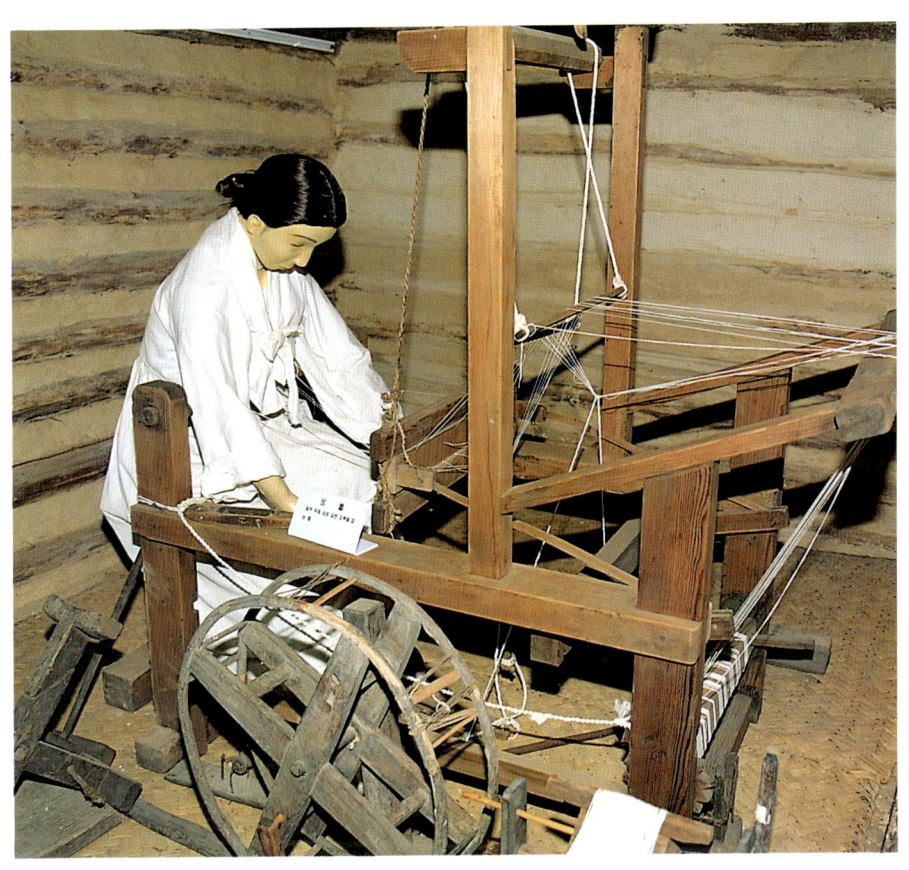

베 짜는 모습 울릉도 향토자료관에 전시되어 있는 것으로 이곳에는 울릉도에 살던 옛 사람들의 생활상이 생생하게 보존되어 있다.

고려 통일 전야인 태조 13년(930)이다(그동안 울릉도는 정말 태평 성대를 구가한 것으로 보인다). 백길(白吉), 토두(土豆)라는 우릉도 사람 둘이 공물(貢物)을 가지고 왕을 찾았던 것이다. 그리고 다시 90년쯤 뒤인 현종 9년(1018)에는 고려 조정에서 동북 여진 해적들의 노략질로 초토화된 우산국에 농기구를 보내 주고 13년에는 해적을 피해온 섬사람들을 지금의 경상도 영해 지방에 살 수 있도록 조처 하고 있다.

현종 때는 여진 해적의 극성기였다. 1019년에는 그들이 50척이나 되는 배를 이끌고 일본의 규슈(九州) 지방까지 내려와 463명을 죽 이고 1,230명을 잡아갔을 정도였다. 그 과정에서 해적들이 포로가 되 기도 했는데 그들은 대개 고려인으로서 여진 해적과 싸우다 잡혀 어쩔 수 없이 해적이 되었다고 진술했다 한다(일본 역사책에만 보 이는 기록이다).

숙종 2년(1097) 안변도호부의 판관(判官 곧 副將) 안증은 원산 앞 바다에서 열 척의 해적선과 맞붙어 40명을 죽이고 세 척을 나포했 다. 숙종 12년(1107)과 그 이듬해에는 윤관이 동북 여진을 쫓고 거 기에 9성을 쌓았다.

근거지를 뺏긴 여진족들은 1115년 하얼빈 부근의 회령 지방으로 옮겨 중원(中原)으로 쳐들어간다. 1125년에는 요나라를 멸망시키더 니 이태 뒤에는 송나라를 몰아내고 중원의 노른자 황하 유역을 차 지한다. 동양 게르만족의 대이동은 윤관의 일격으로 시작되었던 것 이다.

그러나 울릉도 사람들의 기록은 이보다 한참 전인 덕종 원년 (1032)을 끝으로 끊기고 만다. 해적들의 등쌀에 견디다 못해 현종 13년의 경우처럼 모두 육지로 나와 버렸던 것 같다. 이후 인종 19년

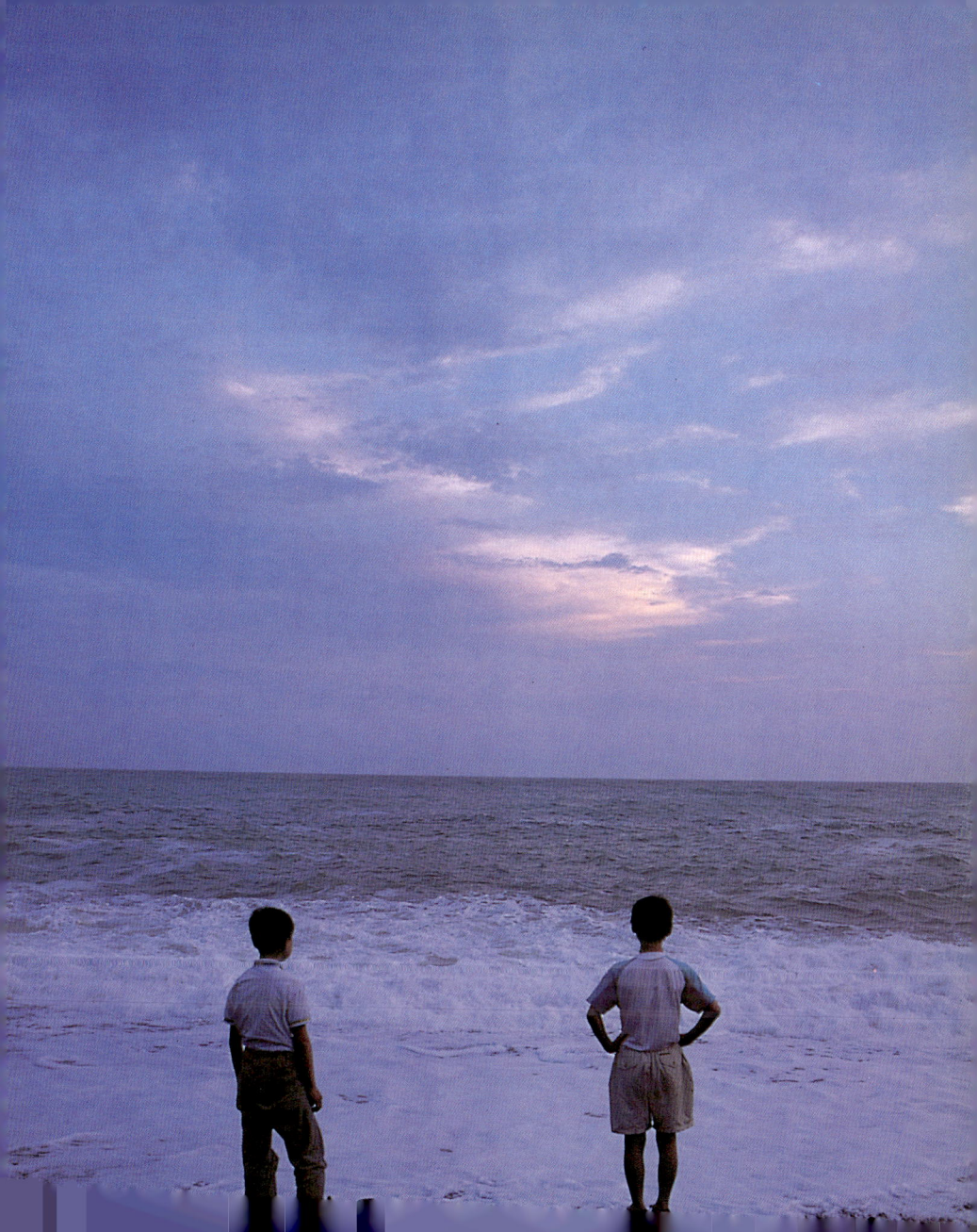

(1141)과 의종 11년(1157) 조정에서 관리를 파견해 사람이 살 수 있는가 보지만 조사로 그쳤을 뿐이었다.

울릉도에 다시 사람들이 들어가서 살기 시작한 것은 군사 쿠데타를 일으켜 정권을 잡은 최충헌이 왕에게 시무 10조를 건의한 1200년경으로 보인다. 하지만 그것도 잠시 이번에는 왜구라는 해적들이 몰려왔다. 그리하여 고종 10년(1223)부터 시작되어 조선 세종 원년(1419) 이종무가 대마도 정벌을 할 때까지 196년 동안 500여 회나 쳐들어왔던 그들 때문에 울릉도는 다시 무인지경(無人之境)으로 되돌아갔다.

그럼에도 들어가 사는 사람이 간혹 있었다. 산것, 갯것이 지천인데다 자유의 땅인 터라 버젓이 살 처지가 안 된 사람들에게는 그만한 유토피아가 따로 없었기 때문이리라.

그러면 조정에서는 군대를 보내 사람들을 잡아 육지로 끌고 들어오곤 했다. 사람이 있으면 왜구의 근거지가 될 수 있다는 것이 이유였다. 조선 태종 3년(1403)과 13, 14년, 세종 7년(1425)과 20, 23년 무렵이었다. 이후 울릉도는 정말 빈 섬이 되었다.

이 지경에 이르자 일본인들은 저들 마음대로 들어와 나무를 베어가고 고기를 잡아갔다. 심지어는 제나라 땅이라며 다케시마(竹島)라는 이름까지 붙여 놓았다. 그래서 동래 어부 안용복은 숙종 19년(1693)과 22년에 일본 막부로부터 독도는 조선땅임을 확인받아 이것이 양국 정부간의 공식 협약이 되게 했다. 그리고 고종 19년(1882) 조정에서는 마침내 공도정책(空島政策 ; 섬에 사는 것을 불법으로 치는 것)을 버리고 개척령(開拓令)을 발표하여 울릉도의 역사를 이었다.

겨울 울릉도

1995년 2월 25일 세 번째로 울릉도를 찾았다. 이땅에서 눈이 가장 많이 오는 고장의 겨울을 안 보고는 이렇다 말할 수 없을 것 같아서였다. 거기다 울릉산악회 이경태 씨의 "같이 스키 등반해 보게 한 번 오소" 하는 초청도 있었다.

울릉도는 끝물 눈을 날리고 있었다. 도동은 눈이 내리는 족족 녹고 바람만 거리를 쓸어 갔다. 그렇지만 성인봉 기슭 까끼등의 비탈밭부터는 하얀 미사포를 쓰고 있었다. 위는 하얗고 아래는 누런, 알프스 같은 풍경이었디.

10시 반에 울릉산악회 사무실을 출발했다. 이경태 씨와 장지택 씨 그리고 서울 윤중초등학교 선생님 안순 씨의 4명이서였다. 대원사 옆을 지나 산길로 접어들었다.

여름이면 닭죽에다 국수, 감자전 등속을 파는 네 채의 집 있는 곳까지는 눈이 없다. 첫 집의 그늘 아래 의자에서 보는 도동 풍경이 그만이었던 기억이 났다.

저동재로 뻗은 동릉 잘루목, 나무시렁이 있는 쉼터에 이르자 산은

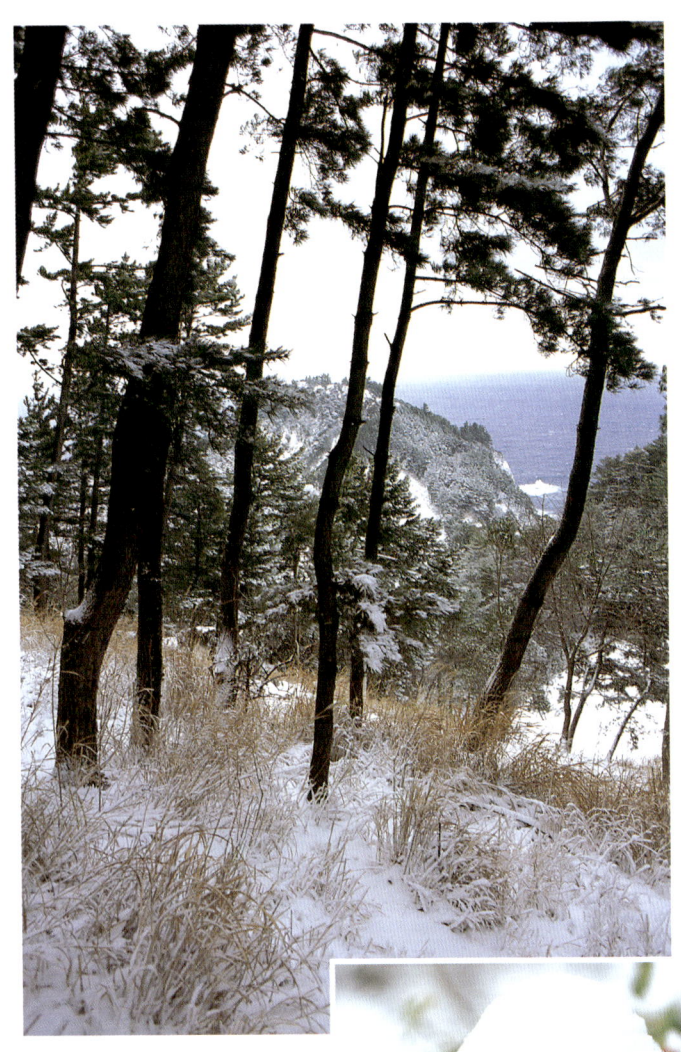

살구남의 소나무 숲(위)

한겨울에 피어나는 동백(오른쪽)

한겨울로 되돌아가 있다. 스키를 신었으면 싶은 생각이 들어 눈치를 보자 이씨가 "조금 더 가 위험지대 지나서 신자"고 한다.

두 중년 남자가 앞에서 오고 있다. 눈이 많고 위험해서 중간에 내려오는 길이란다. 그러면서 "당신들도 포기하는 게 좋을 것"이라고 충고한다.

가파른 산허리를 질러 난 오솔길 다음 또 하나의 나무시렁 쉼터에서 세 사람을 만났다. 눈에 길이 묻혀 더 이상 갈 수가 없단다. 손은 면 장갑, 발은 운동화 차림이다.

산허리 돌기가 끝나고 오름이 시작되는 데서 스키를 신었다. 이씨와 둘이서다. 스키가 없는 나머지 두 사람은 스키 자국을 따라오기로 했다.

중간에 잠깐 올라서는 능선, 바깥수마당까지는 길 흔적이 그런 대로 있다. 그러나 이후의 산허릿길은 그냥 무인지경이다.

"지금부터는 그냥 감으로 가는 겁니다." 이씨는 사면을 비스듬히 거슬러 방향을 잡는다. 눈은 복숭아뼈께에서 찰랑거린다. 뒤돌아보니 장지택 씨와 안선생님은 허벅지까지 빠지는 눈을 헤치며 무릎걸음을 하고 있다.

"왜 스키를 신고 산을 오르는지 인자 알겠제?" 이씨가 장씨에게 하는 말이다. 울릉산악회원 가운데 유일하게 산악 스키를 구입한 이씨는 회원들에게 농담 반 진담 반의 비아냥거림을 꽤 들었던 모양이다.

"나도 내년에는 스키를 장만해야겠는데요." 백문(百聞)이 불여일견(不如一見), 장씨는 마침내 깨달은 듯하다.

바람등대에 올라섰다. 눈보라가 몰아치고 천지가 눈꽃이다. 진짜 겨울맛이다.

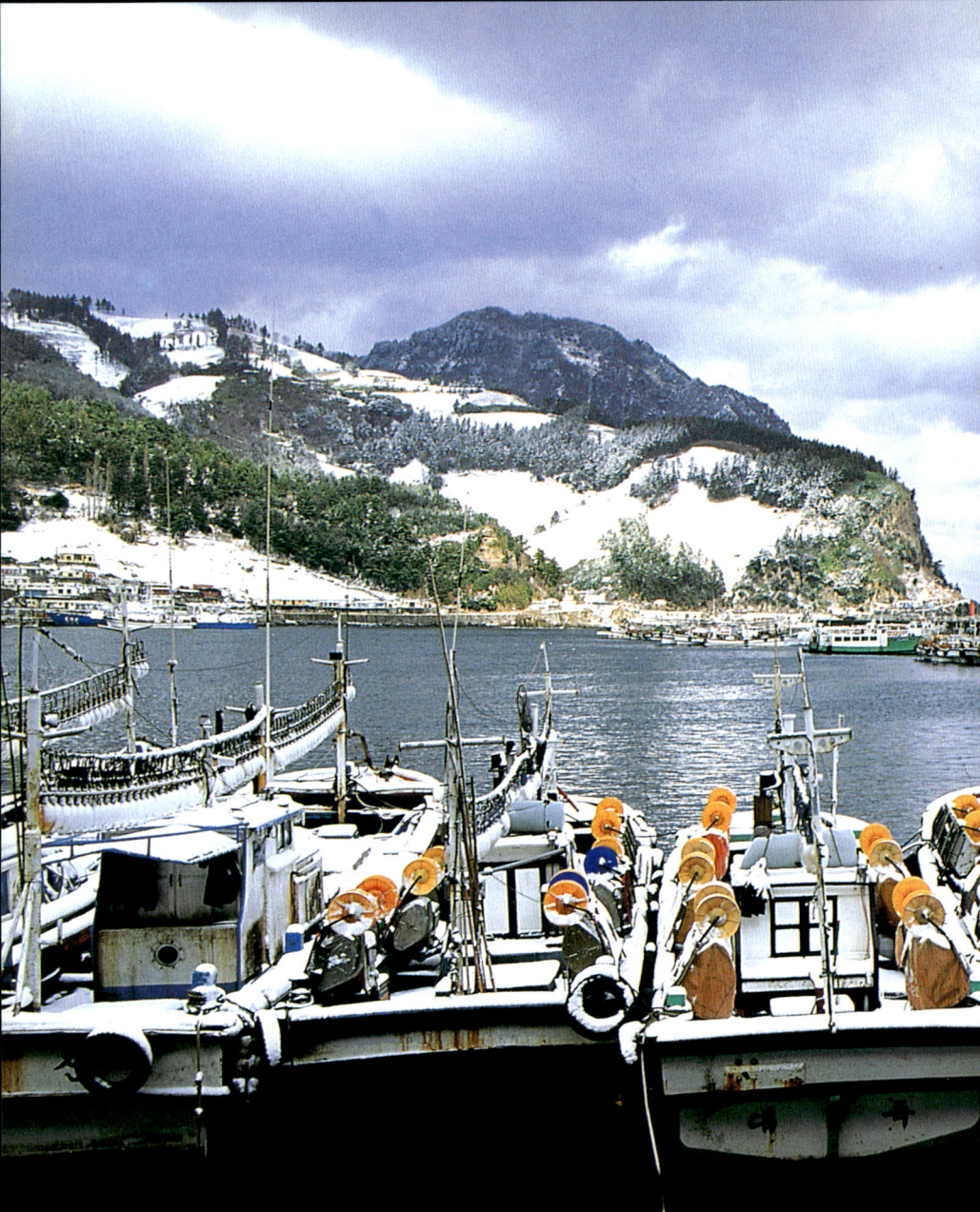

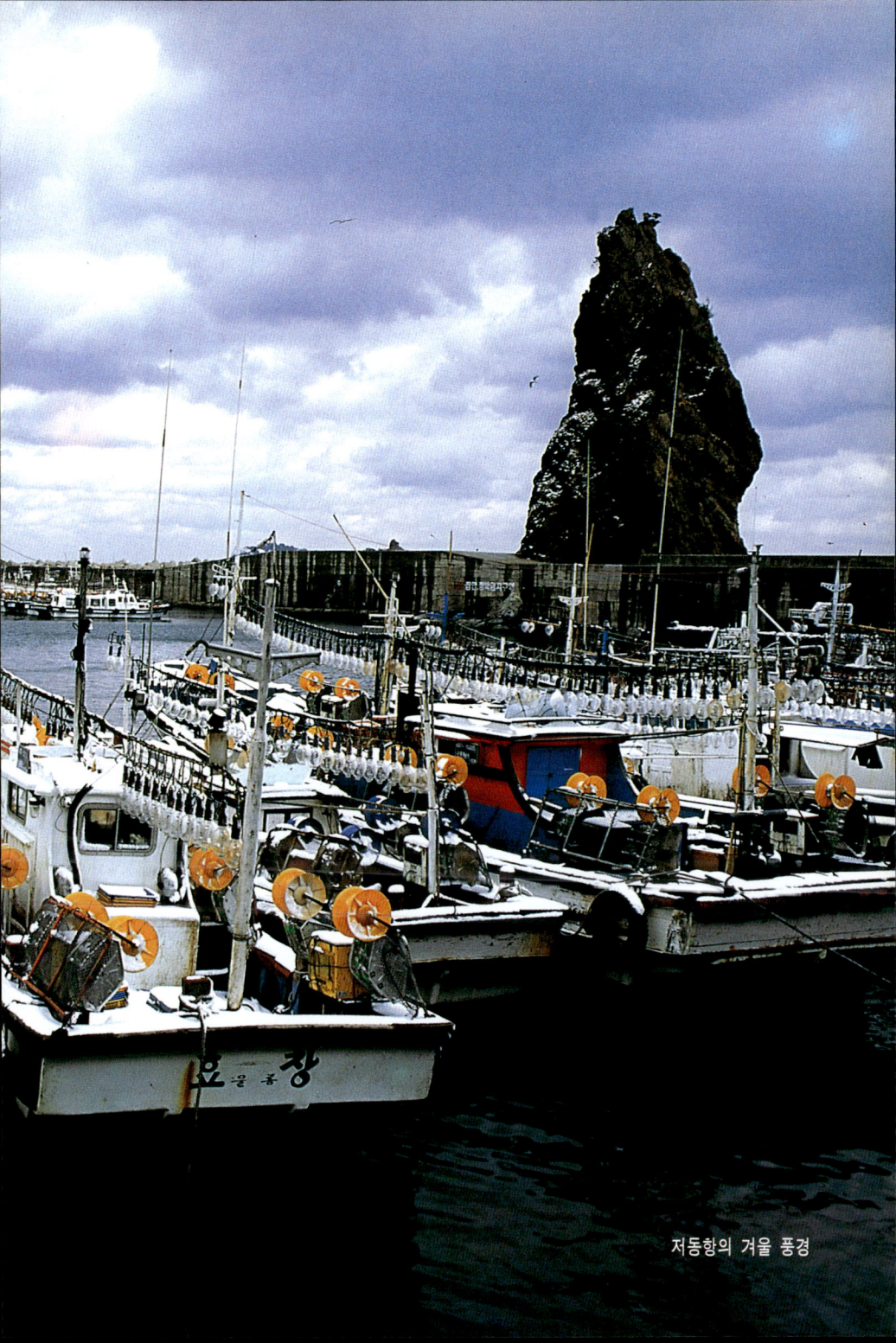

저동항의 겨울 풍경

이후로는 계속 능선길이다. 동북릉 갈림길에 다다르자 눈처마가 죽 늘어섰다. 적설량이 2미터는 넘을 것 같다. 울릉산악회원들이 겨울에 능선 따라 산을 탈 때 눈굴을 파 야영을 한다는 이야기가 금방 이해된다.

정상 바로 밑의 시령 쉼터는 초가집이 되어 있다. 둥그스름한 눈지붕이 생긴 것이다. 주변의 눈이 그 지붕에 닿을락말락한다. 엄청나게도 왔다.

가파른 정상부는 이때까지처럼 그냥 슥슥 걸어갈 수가 없다. 스키 바인딩의 뒤축을 채우고 사이드 스테핑(side stepping)으로 들어갔다.

다행히 걸리적거리는 나무가 없다. 15분쯤 애를 쓰니 정상, 1미터 70쯤 되는 성인봉 표석의 '봉' 자에 눈이 찰랑찰랑 한다.

오후 3시 15분. 4시간 45분 걸렸다. 가을에 3시간 10분 걸렸으니 꽤 빨리 온 셈이다. 바람이 세차 서 있기조차 어렵다.

"여기서 나리령까지가 스키 운행 코스로는 그만입니다. 능선을 덮은 섬대 숲은 눈에 묻혔고 길도 완만해 초심자라도 무리가 없습니다. 나리령부터는 작은모시개(小芋)로 난 농로를 따라 내려가면 됩니다. 나리분지로 갔다가 나리령으로 올라 모시개(芋洞)와 도동으로 갈 수도 있고요."

이씨의 설명을 듣고 나서 일행은 올라온 길로 하산을 했다.

이튿날은 나리분지 가기로 한 날이었다. 나리령을 넘어가 볼까 했지만 동행이 안선생님과 권미숙 씨의 두 여자뿐이라 798미터의 그 영마루를 넘을 엄두가 나지 않았다. 그래서 배로 섬목까지 간 다음 버스로 천부, 그리고 거기서부터 걷기로 했다.

본이름이 왜선창인 천부항에는 풍랑 때문에 쉬고 있는 고깃배들이 물목의 고기떼처럼 오종종했다. 그 모습이 정다워 송곳산을 배경으로 사진을 몇 방 찍고 산으로 향하는 신작로로 접어들었다.

울릉북중, 천부초등학교 앞을 지나 산등성이를 돌아가니 홍살메기(紅門洞). 몇 채의 집이 띄엄띄엄 있다.

동네 뒤로 절벽이 장관이다. 100미터쯤 되는 것이 500미터 폭으로 펼쳐져 있는데 나리분지의 북쪽 자락이다.

완만하던 산길이 오른쪽 골짜기로 접어들며 가파라질 무렵부터 길에 눈이 차 있다. 정면의 813.2미터 산허리에 또 바위가 드러나, 길이 나 있지 않다면 갈 일 없는 곳이다. 한 굽이, 두 굽이 … 일곱 굽이, 여덟 굽이. 마침내 고갯마루가 보인다.

천부에서 한 시간 반쯤 걸려 올라선 고개는 세상 모를 딴세상을 보여 주고 있다. 사방이 험상궂은 산으로 둘러싸인 가운데 거짓말처럼 설원이 펼쳐져 있다. 그리고 그 한가운데 여남은 채의 집들이 겨울잠을 자고 있다.

아무리 둘러보아도 물이 빠져 나갈 만한 골짜기가 없다. 이땅에서 거의 유일하게 물길이 산으로 끊긴 지형이다. 경이로운 풍경이었다.

갈 지자로 굽은 길을 따라 20미터쯤 내려서자 이내 평지다. 길에는 눈이 치워져 없으나 양쪽은 아직도 40센티미터쯤의 눈이 뺀틈없이 덮여 있다. 바람이 찼다.

다섯 시가 넘은 시각이라 잠자리부터 알아봐야 했다. 마을 가운데 붉은 벽돌로 지은 교회가 보여 다짜고짜로 문을 두드렸다.

선하게 생긴 목사님이 나왔다. 용건도 안 꺼냈는데 우선 들어오라고 했다.

저녁을 대접받고 너와집 옆의 민박집을 소개받았다. 잠까지 재워 주고 싶지만 민박이 벌이 수단의 하나인 이웃집들(거의가 신도들 집이다)과 의 상할까 싶어 할 수 없다고 했다.

아침에 너와집을 가보았다. 추녀에서 낙숫물이 뚝뚝 떨어지고 있었다. 새를 엮어 추녀 끝에서 늘어뜨린 우데기 안은 귀틀집, 통나무를 어긋지게 엮고 그 사이에 하얀 흙을 발랐다. 흙 냄새, 나무 냄새 향긋한 그 안에서 한 번 자 봤으면 싶다.

간간이 개 짖는 소리만 들려올 뿐 동네는 기척도 없다. 집집마다 가스레인지를 쓰는 탓인지 굴뚝에서 연기 나는 집도 안 보인다. 나리 사람들은 이렇게 꿈쩍도 않고 봄이 올 때를 기다리는 듯싶다. 레이스 커튼을 통해 바깥을 보며 긴 겨울을 나는 동토의 땅, 러시아에 온 느낌이다.

아침을 먹은 뒤 스키를 신고 홀로 분지 일주에 나섰다. 사방이 눈밭이라 길이 따로 없다. 봄이 턱 밑까지 안 왔고 마을 사람들이 추렴하여 중장비로 눈을 치우지 않았다면 캄차카 반도 산 속의 소읍 클류치에서처럼 한길에서도 스키를 탈 수 있을 듯하다. 목사님 말로는 엊그제 비 내리기 전에는 지금보다 두 배쯤 눈이 깊었고, 그 전에 비가 오기 전에는 또 그만큼 눈이 더 있었다 하니 한겨울의 나리분지는 정말 러시아와 다를 바 없을 것 같다.

가장 남쪽 집 옆을 지나 숲속으로 들어섰다. 동네가 있는 큰나리와 안쪽의 작은나리를 가르는 평평한 숲이다. 평지 숲이 거의 없는 이땅에서는 보기 드문 신비경이다.

성인봉 등산객의 발자국을 따라가는데 길가 나무의 팻말이 눈에 띈다. 바싹 다가가 보니 '조수보호구역'이라 씌어 있다. 머리 위에서 딱따구리 소리가 들려 왔다. 딱따구리를 확인하려고 고개를 이리저리 돌리다 다시 길을 재촉했다.

야트막한 언덕을 넘자 숲은 끝나고 설원. 아무도 발 딛지 않은 순백이다. 송강 정철이 「관동별곡」에서 경포호를 표현한 '십리빙환(十

里冰絾)'처럼 하얀 깁이 끝이 안 보이게 펼쳐져 있다. 그 속의 사람 없는 투막집 두 채(여름에 농막으로만 쓴다), 그것은 동화였다.

설원의 가두리는 자작나무처럼 흰 고로쇠나무들이 싸고 있다. 간간이 오리나무도 보인다.

바람이 불자 눈보라가 설원을 쓸어 간다. 스프링 쿨러 호스가 타고 가는 빈 철사줄이 울어 대고 그 위로 미륵산이 피라미드처럼 솟아 있다.

정상부 암벽 사이의 눈골이 선연하다. 반대편에는 거대한 덩치의 성인봉이 아직 한겨울이다. 빙하처럼 널찍한 눈골은 어떤 장사도 거슬러 올라갈 수 없을 듯하다.

평지의 끝, 고랑이 시작되는 곳까지 갔다가 되돌아왔다. 평행선을 그은 스키 자국이 남이 내논 것처럼 신기하다. 투막집 옆의 울타리와 팻말만 보이는 천연기념물 52호 울릉국화·섬백리향 군락지를 지나 큰나리로 돌아갔다.

올 때보다 스키가 훨씬 잘 나간다. 완만한 내리막인 탓도 있었지만 한 번 난 자국을 다시 따르기 때문이다. 이 나리분지의 스키 여행. 혼자 가는 이는 태초의 정적을 볼 것이고 둘이 가는 이는 함께 하는 즐거움을 누릴 것이다.

두 시간 만에 큰나리로 되돌아와 서쪽으로 방향을 틀었다. 땅 속으로 새든 물이 다시 솟아나는 곳, 용출소를 보기 위해서다.

군에서 꾸며 놓은 자연학습장 관리소를 지나니 좀 가파른 언덕빼기다. 복류(伏流) 지형이 아니었다면 물은 이 언덕을 터뜨리고 흘렀을 것이다. 어쨌거나 이채로운 땅이라 여기며 언덕을 넘자 산 사이에 길쭉한 평지가 이어지며 길 양쪽으로 야영장과 모험 놀이 시설이 계속된다.

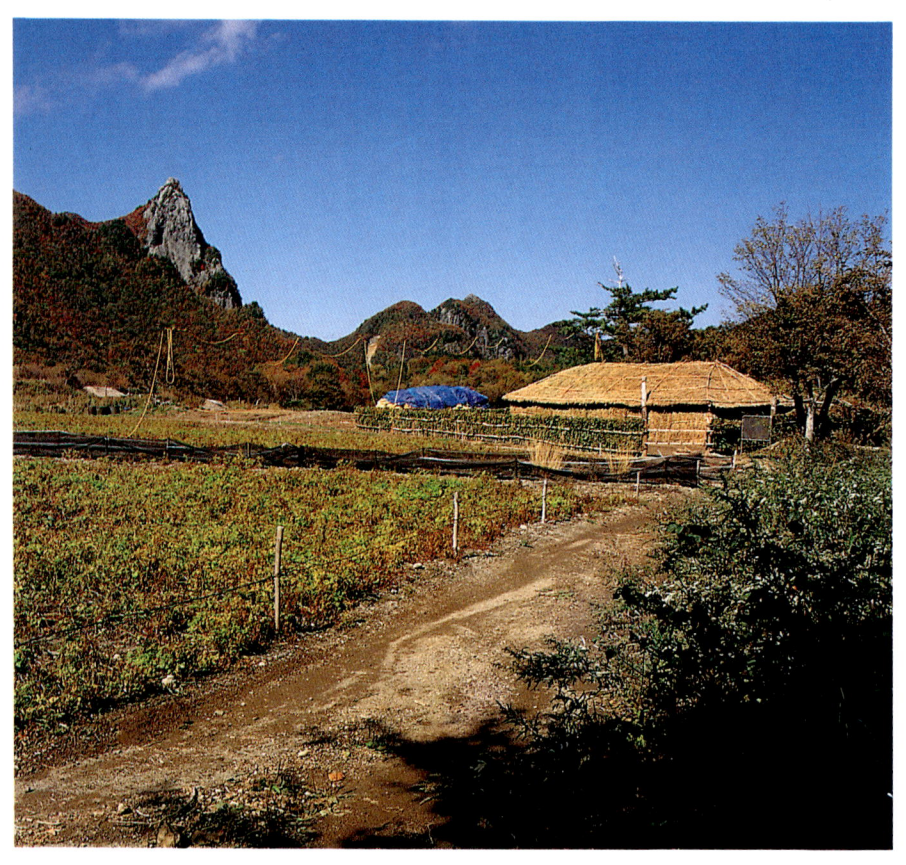

나리동에서 성인봉 가는 길에 있는 투막집

　자연 속의 놀이 시설들을 흐뭇하게 바라보며 500미터쯤 가자 길은 고도를 낮추고 있다. 내리막, 용출소가 가까워진 것이다. 분지를 벗어난 탓인지 눈은 얕아져 흙을 드러낸 곳도 있었지만 길에는 아직 스키를 안 벗어도 될 만큼은 쌓여 있다.

　이제 스키는 지치지 않아도 절로 내려간다. 다시 올라갈 때는 어쩔망정 신나게 달렸다. 그렇게 광주리테처럼 빙 돌자 길은 갈 지자로 변하며 저 아래 거짓말처럼 소가 보인다.

방향 바꾸기를 몇 번 한 끝에 소의 물을 가둔 방죽에 다다랐다. 풀어 놓은 물감이 바닥에 가라앉은 것처럼 푸르스름한 물빛이다. 발전용 도수로의 채수구(採水口)인 듯 한쪽에는 쇠창살로 된, 동물우리 같은 것이 도르래에 걸린 쇠줄에 달린 채 잠겨 있다. 저것을 올리면 아름드리 돌도 그냥 솟구친다는 물구멍이 있을 것이다.

안내판에는, 솟아나는 물의 양이 초당 220리터, 수온은 섭씨 7도라고 씌어 있다. 이 물로 1,400킬로와트의 전력을 얻어 울릉도 전력 소비량의 22퍼센트쯤을 댄다. 이국적인 나리분지가 낳은 또 하나의 명물이다.

향토자료관에 전시된 설피와 섬대로 만든 스키

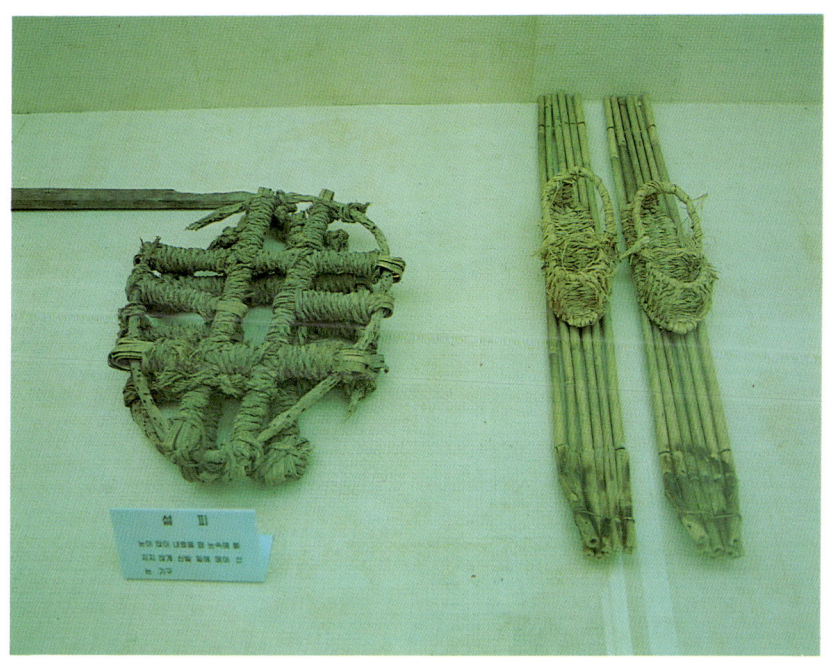

성인봉 산길들

울릉도는 섬이다. 그것은 대개의 이땅 섬들이 그렇듯이 산으로 되어 있다. 따라서 울릉도를 알고자 한다면 우선 산, 성인봉을 올라봐야 한다.

성인봉 오름길은 네 개다. 도동에서 시작하는 동남릉, 나리동 기점의 북면 코스, 작은모시개에서 나리령으로 올랐다가 동북릉을 타는 것과 성인봉에서 발원하는 석문동 계곡을 따르는 것이다.

이들은 물론 내림길도 된다. 이 밖에 봉래폭포 쪽으로 오르는 길이 있었지만 산사태로 일부가 무너진 뒤 거의 찾지 않는다.

동남릉은 일반 코스로 백에 아흔아홉은 이 길을 따른다. 그렇지만 등산로가 산날 아닌 산허리로 나 있어 경관이 썩 뛰어나지는 않다. 반면 길은 신작로처럼 좋아 소위 "아줌마들이 하이힐 신고 오르는 데"다.

북면 코스는 짧다. 지도 거리로 1킬로미터면 평지인 나리분지에 이른다. 그대신 이땅의 둘도 없는 기이한 지형, 굼부리(칼데라 화구)로 들어가게 된다.

동북릉은 식물 견학 코스다. 나리령의 원시림도 그렇지만 능선 따라 계속 이어지는 섬대나무 숲을 뚫는 맛도 특이한 경험이 된다. 영마루부터는 평평하나 길이 거의 없는 까닭에 노약자는 안 가는 것이 좋다.

석문동 계곡은 길다. 또 협곡이라 비가 많이 올 때는 피할 일이다. 따라서 내림길이 제격이다. 그 끝에는 국수바위, 사자바위, 투구바위 등 기암들이 많고 도동으로 돌아갈 버스가 기다린다.

동남릉 코스는 도동에서 모시개와 남양 가는 삼거리 아래의 대원사 안내판을 따르는 것으로 시작한다. 대원교 다리 밑을 지나면 그 냇둑 길은 내 옆길과 합쳐진다. 이때쯤 대원사가 보이는데 불공 드리러 가는 이가 아니면 다리를 건너는 대원사 방향이 아니라 오른쪽, 민가 옆으로 난 농로를 따른다.

간이 포장이 된 그 길은 밭으로 올라가고 있다. 이상하다 싶어 둘러보면 '성인봉 가는 길' 팻말과 함께 능선으로 오르는 오솔길이 눈에 뜨인다. 빨간 화살표 아래 검은 글씨가 씌어진 이 팻말은 이후 정상까지 이어져 잘 다듬어 놓은 등산로와 함께, 부지런한 울릉도 사람들의 심성을 느끼게 한다.

솔바람 시원한 오솔길을 200미터쯤 기다 보면 닭백숙, 국수, 감자전, 음료수, 더덕주를 파는 농가가 나타난다. 이후 두 집이 더 있는데 첫 집에서 보는 풍경이 그만이다. 음식을 사 먹지 않더라도 들러 땀을 식히고 물을 마련한다.

명당은 벚나무 아래에 놓인 등받이 없는 의자다. 거기에 일행을 앉히고 도동 내려다보는 뒷모습을 잡으면 여행 떠난 이의 외로움이 그대로 드러난다. 옆에 있는 대나무 평상은 둘러앉아 더덕주 한잔하기 맞춤이다.

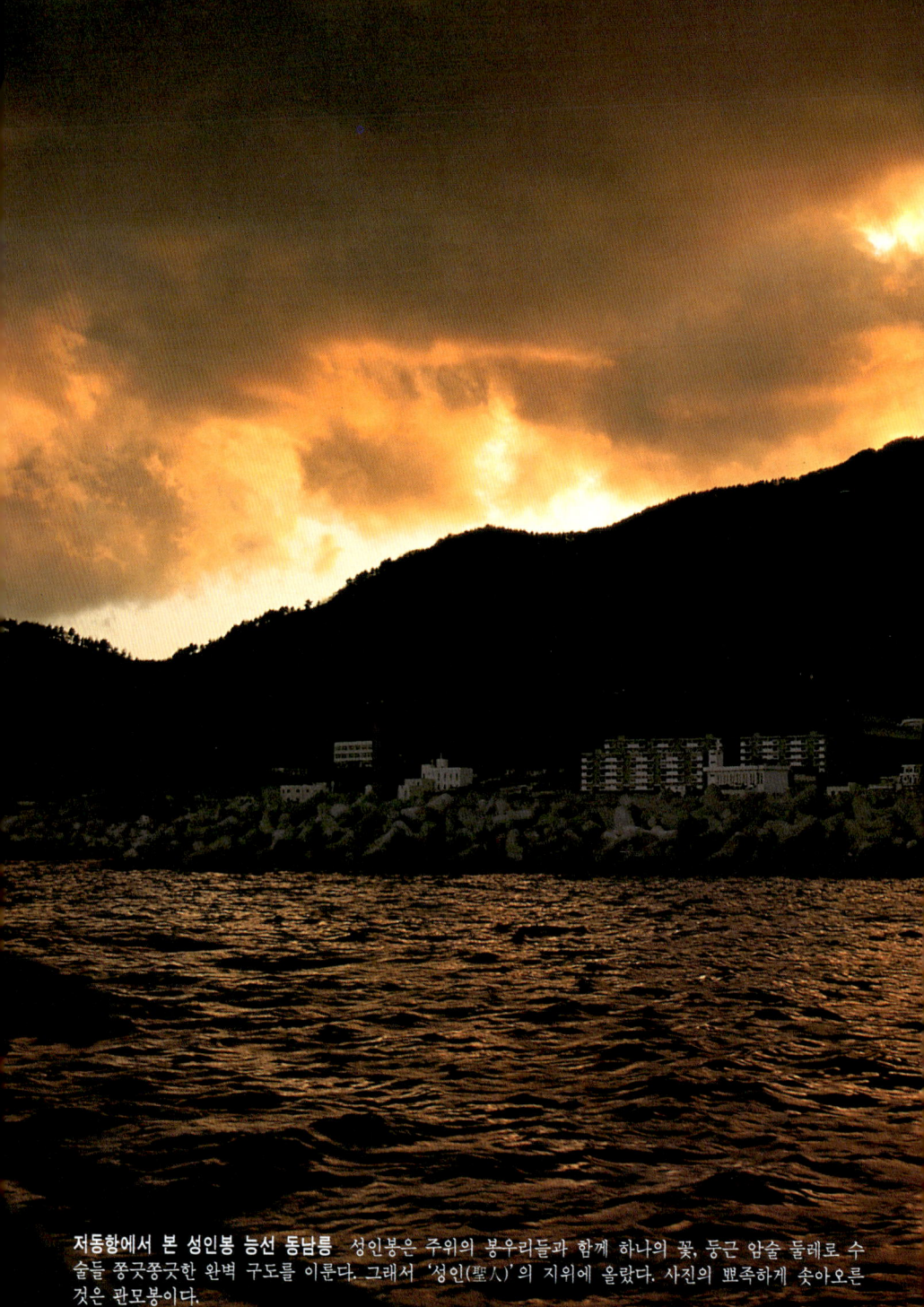

저동항에서 본 성인봉 능선 동남릉 성인봉은 주위의 봉우리들과 함께 하나의 꽃, 둥근 암술 둘레로 수술들 쫑긋쫑긋한 완벽 구도를 이룬다. 그래서 '성인(聖人)'의 지위에 올랐다. 사진의 뾰족하게 솟아오른 것은 관모봉이다.

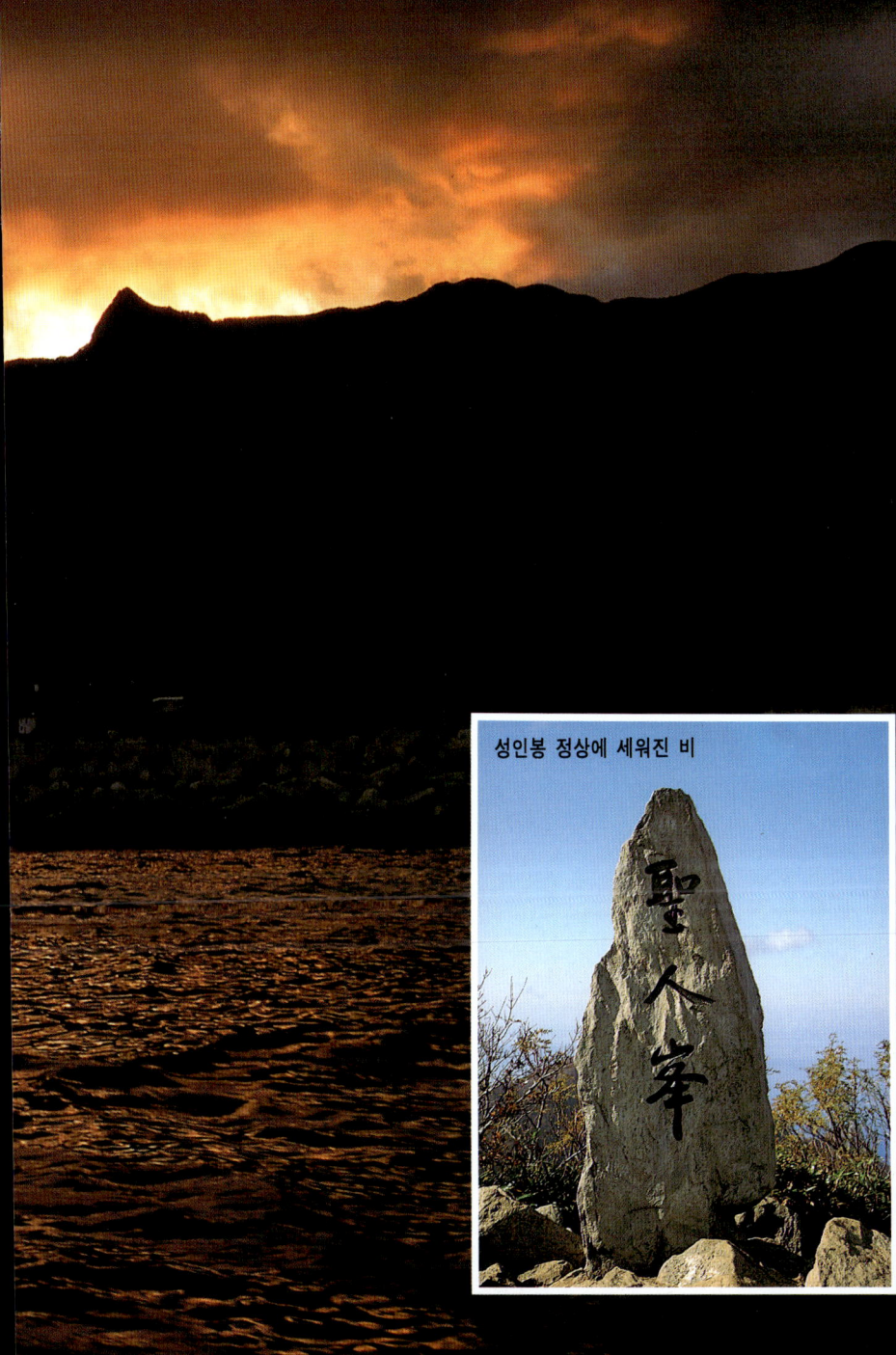

성인봉 정상에 세워진 비

聖人峯

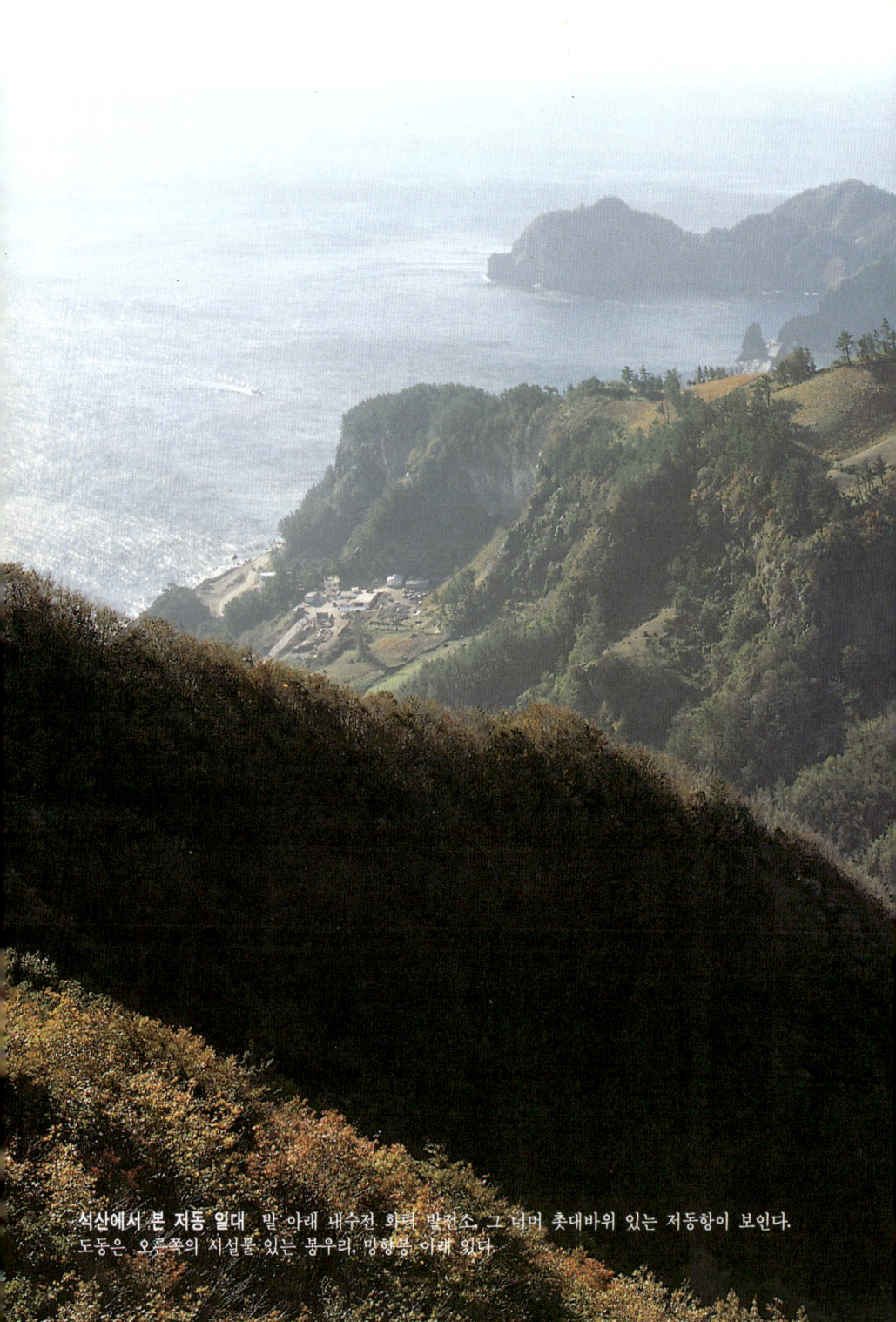

석산에서 본 저동 일대 발 아래 내수전 화력 발전소, 그 너머 촛대바위 있는 저동항이 보인다. 도동은 오른쪽의 시설물 있는 봉우리, 망향봉 아래 있다.

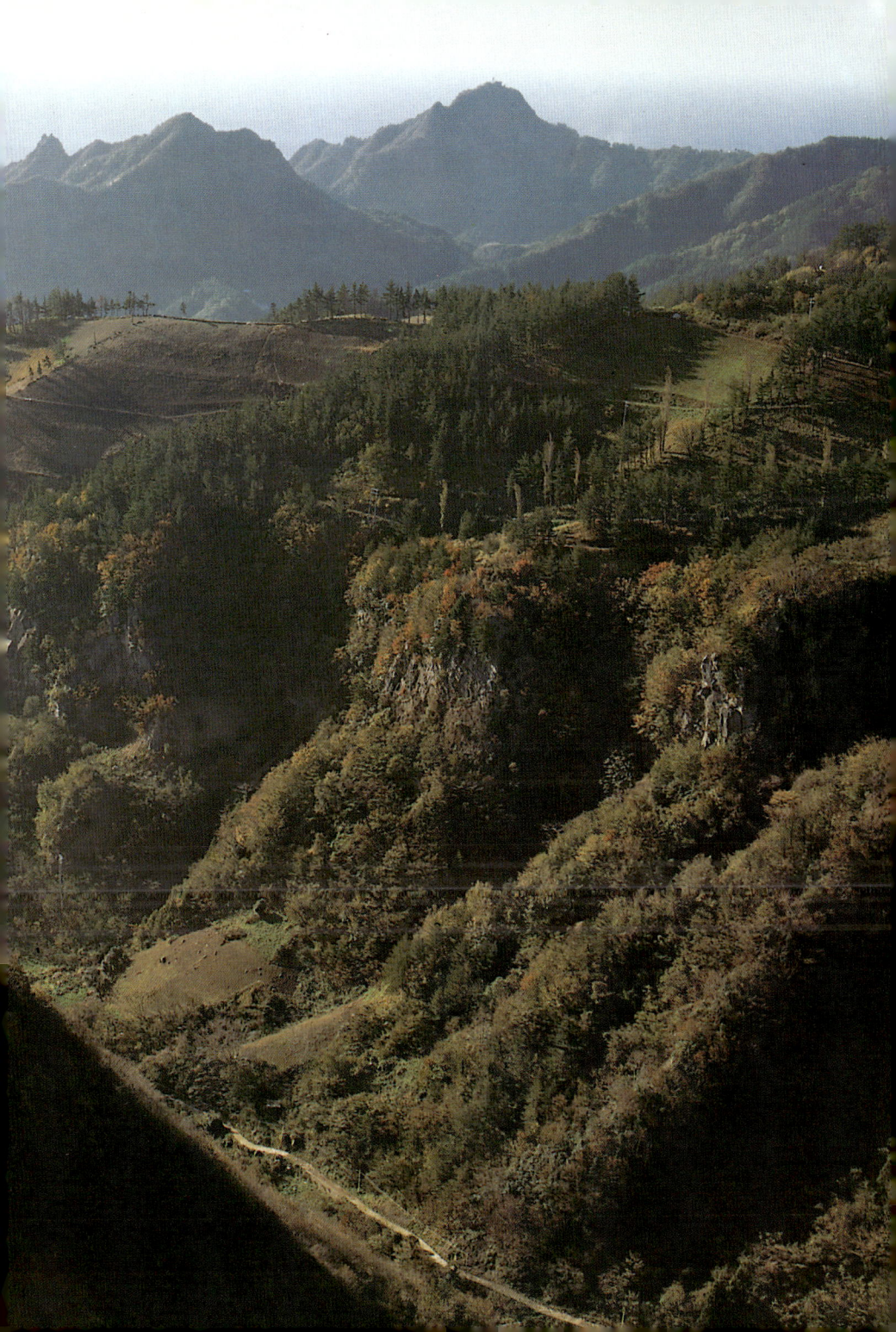

밭자락 밑을 지나면서 길은 능선을 버리고 골로 가는 듯이 여겨진다. 그러나 길 아래 마지막 농가가 보이는 어름에서 산등을 넘으면 비로소 동남릉에 올라섰다는 느낌이 들 것이다. 봉래폭포골이 발아래 훤한 까닭이다. 그쯤 인조목으로 시렁을 만들어 놓은 쉼터가 있다.

이제부터는 동남릉의 산허릿길이다. 그래 능선길과 달리 숲 터널을 이루어 흘린 땀을 씻어가 준다. 경사가 완만하여 정말 하이힐을 신고도 별 무리가 없을 정도다.

숲은 마가목이나 오리나무의 것이다. 특이하게도 나무 밑동이 모두 골짜기 쪽으로 휘었다가 하늘로 향했다. 겨울 눈에 눌린 탓이다. 영림서에서 적당히 가지치기 하고 솎아 놓아 나무 모양도 숲 모양도 시원하다. 봄 여름에는 그 아래 미역취, 곰취, 참나물이 지천이다.

그렇게 1킬로미터 남짓 가다 보면 길은 사면을 바로 치고 올라가고 있다. 그 끝의 등날이 콧등이다. 이후 다시 산허릿길이 이어져서 정상 700여 미터 못미처 바람등대에 서기 전까지는 동남릉에 서볼 수 없도록 되어 있다. '바람이 많은 등'이라는 뜻의 바람등대부터는 말잔등처럼 넓고 평평하다.

정상 조망은 송곳산 쪽이 압권이다. 나리분지의 서쪽 울목을 이루는 '송곳'들의 연봉이 화산섬 울릉도를 가장 울릉도답게 보여 주기 때문이다. 망대는 정상 북쪽, 통나무로 목장 울타리처럼 만들어 놓은 곳이다.

나리동 가는 길은 내림길로 많이 이용된다.

정상부에서 가파른 부분 7미터쯤을 내려오면 동남릉과 갈라지는 어름에 안내판이 있다. 그 안내 방향으로 계단을 내려가면 급경사 흙길에 동아줄이 매여 있다. 그걸 잡고 300미터쯤 내려가면 샘이 나온다.

샘부터는 골짜기 길이다. 간간이 밧줄이 있다. 산사태 지역이라 돌과 흙이 흘러내리니 미끄러지지 않도록 조심해야 한다. 그렇게 20분쯤 내려가면 뜻밖에 나리분지가 보인다.

작은나리에는 천연기념물 52호 섬백리향·울릉국화 군락지가 있다. 그리고 그 옆에는 투막집·귀틀집—벽체는 귀틀집인데 처마끝에 우데기라는 새로 엮은 차양을 달아 그 특징으로 흔히 투막집이라 불린다—이 보인다.

동네가 있는 큰나리까지 오면 내려가는 길이 셋 있다. 나리령 너머 작은모시개로 가면 뱃삯이 절약되고(기상 주의보로 인해 섬목으로 배가 안 다닐 때는 이 길밖에 없다) 4만 원에 택시를 부르면 왜선창이 금방이다.

여유가 있으면 왜선창 가는 고개에 올라 나리분지의 전모를 한번 본 뒤 다시 내려와 자연 학습장 지나 추산으로 내려갈 일이다. 거기에는 울릉도 지형이 낳은 경이 '추산용수'와 그것을 '실사구시'한 수력 발전소가 있다. 거리도 가깝거니와 내리막이라 걷기도 편하다. 추산 마을에는 버스가 다닌다.

작은모시개에서 나리령까지는 '코가 땅에 닿는' 급사면이다. 간간이 다리쉼 하며 돌아보는 모시개의 포구 풍경이 한가롭다. 들머리는 신용상회라는 가게다.

간이 포장이 끝나는 집에서 물을 얻고 길을 묻는다. 나리령까지 전봇대가 계속 서 있고 그것을 세울 때 낸 길이 보여 헷갈릴 일은 없지만 말이다. 이후 길은 등성이를 타고 완만하게 올라간다. 동북 릉은 나리령부터 그냥 섬대나무의 밀림이다. 길도 없다. 아니 있었겠지만 섬대나무가 능선을 점령하면서 길 흔적을 지워 버린 것이다.

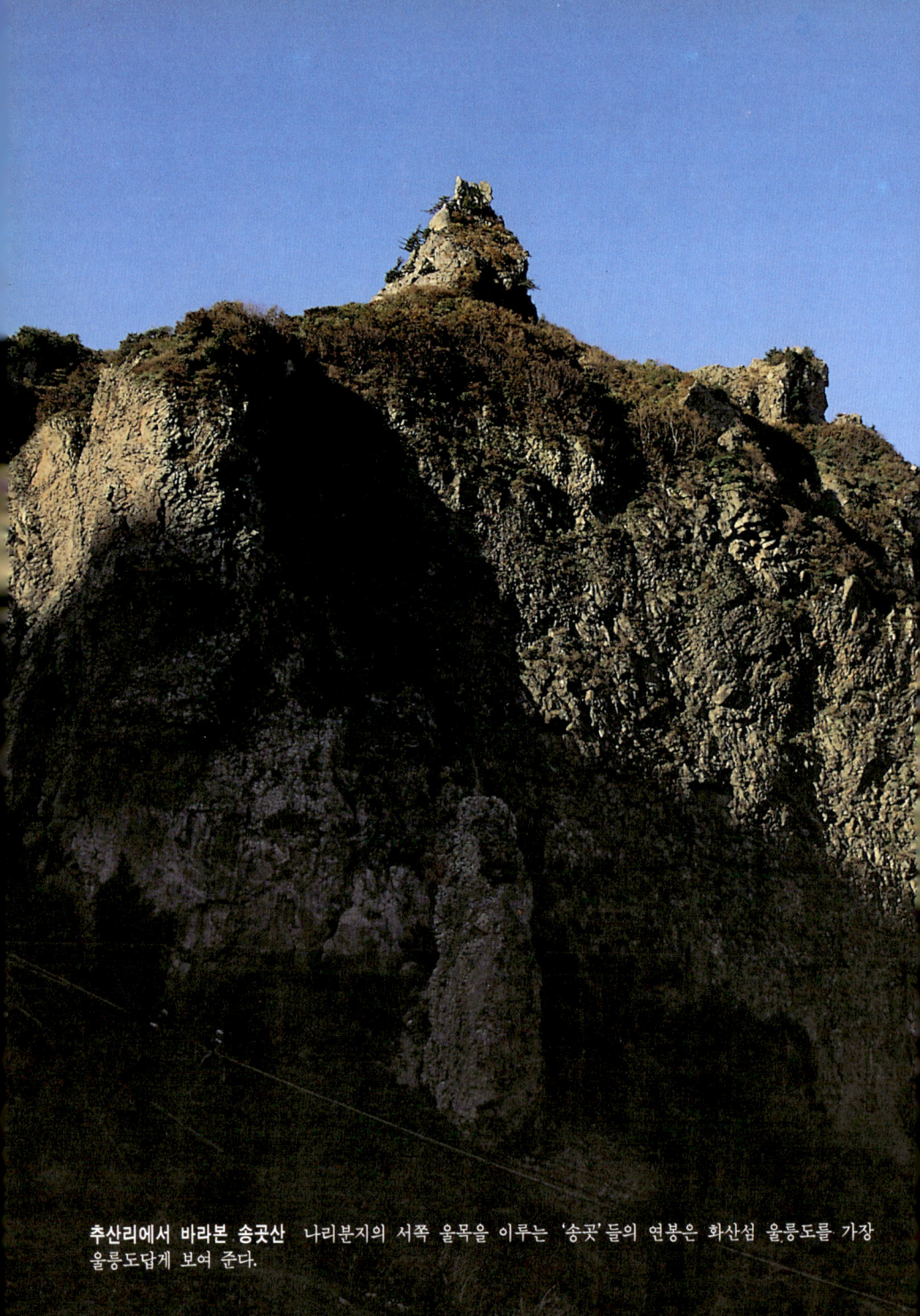

추산리에서 바라본 송곳산 나리분지의 서쪽 울목을 이루는 '송곳'들의 연봉은 화산섬 울릉도를 가장 울릉도답게 보여 준다.

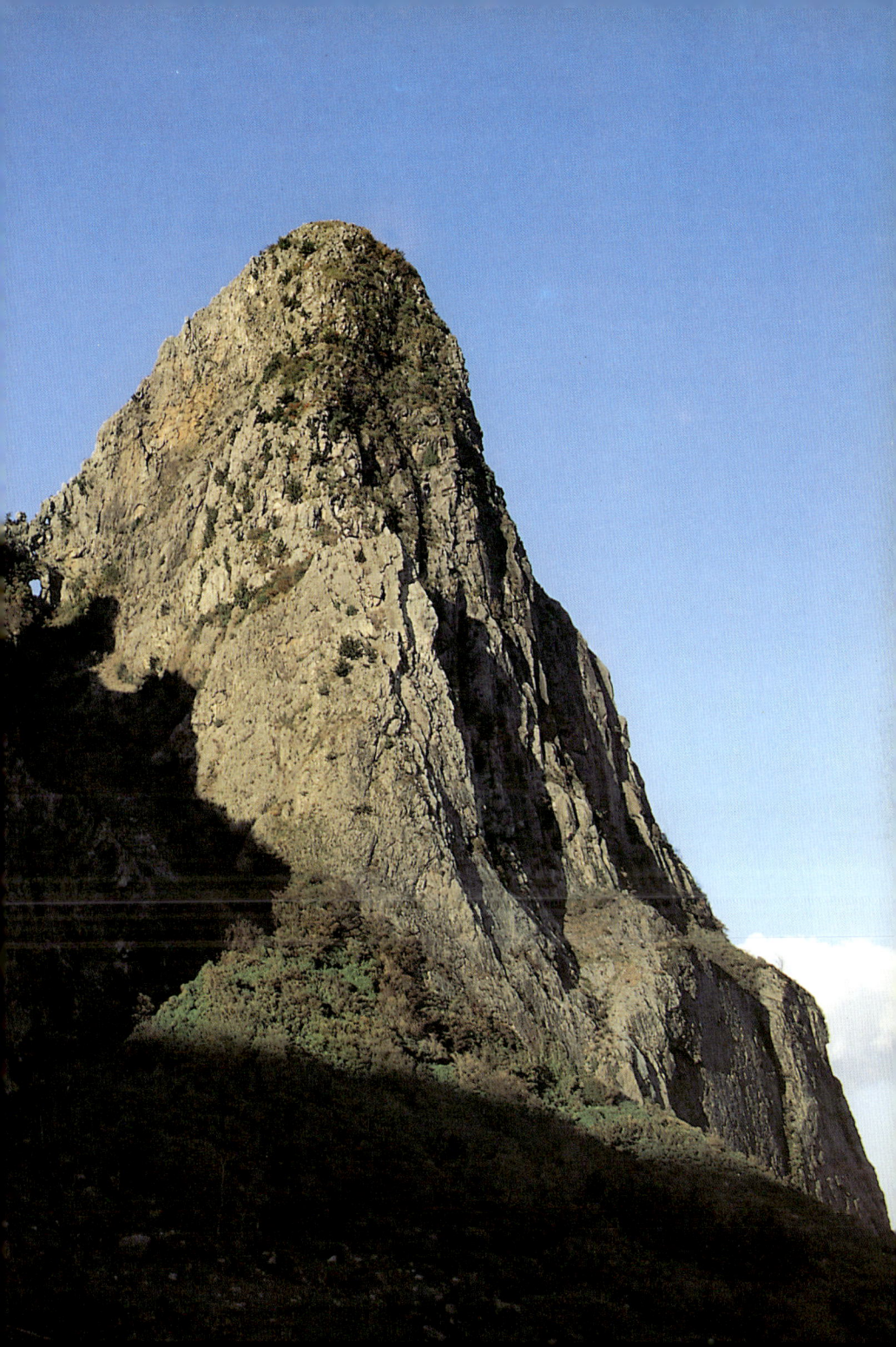

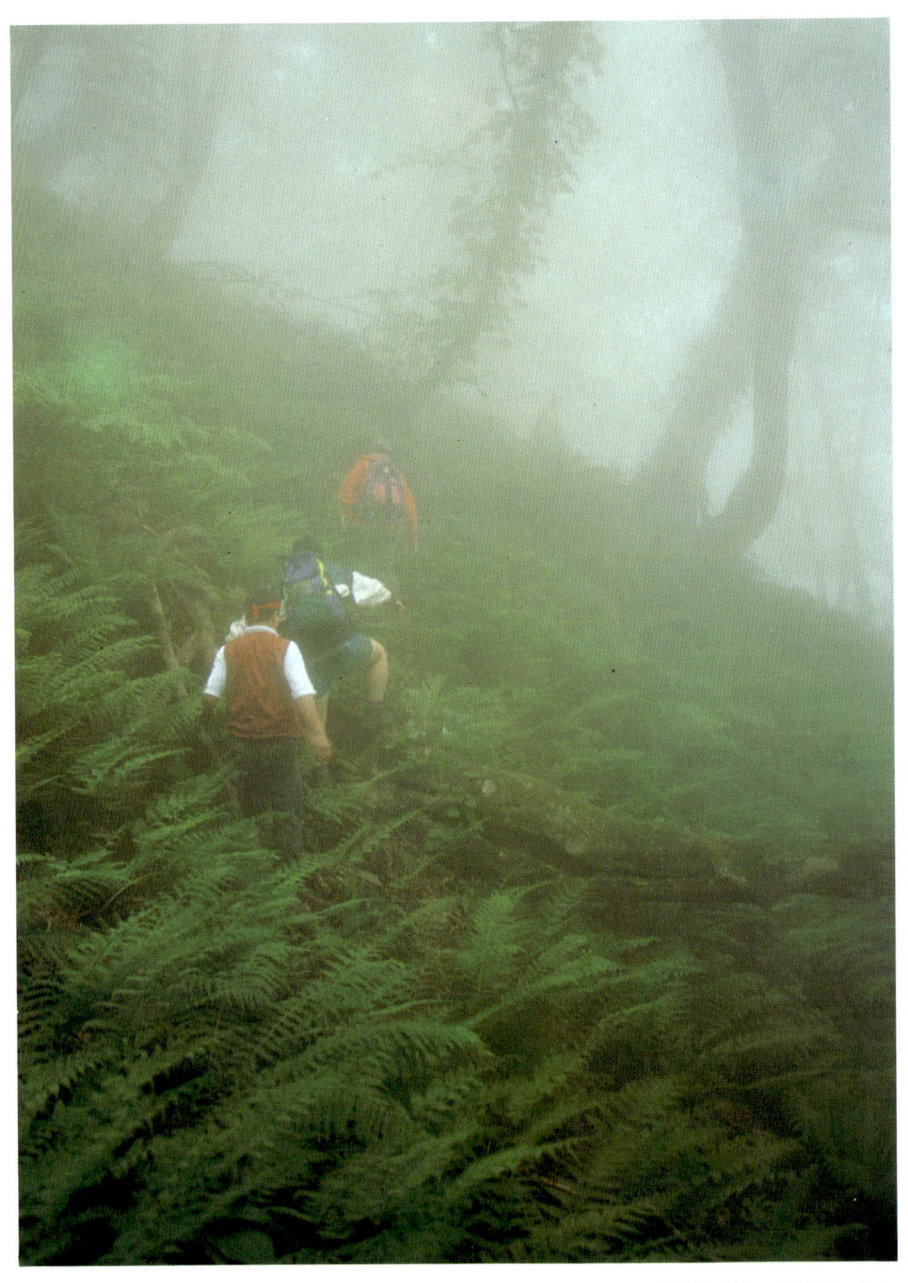

성인봉 부근의 원시림 태고의 신비를 그대로 간직하고 있는 곳으로 그 유명한 울릉도 특산의 너도밤나무를 싫도록 볼 수 있고 두 아름이나 되는 피나무도 눈에 띈다. 천연기념물 189호(위, 옆면)

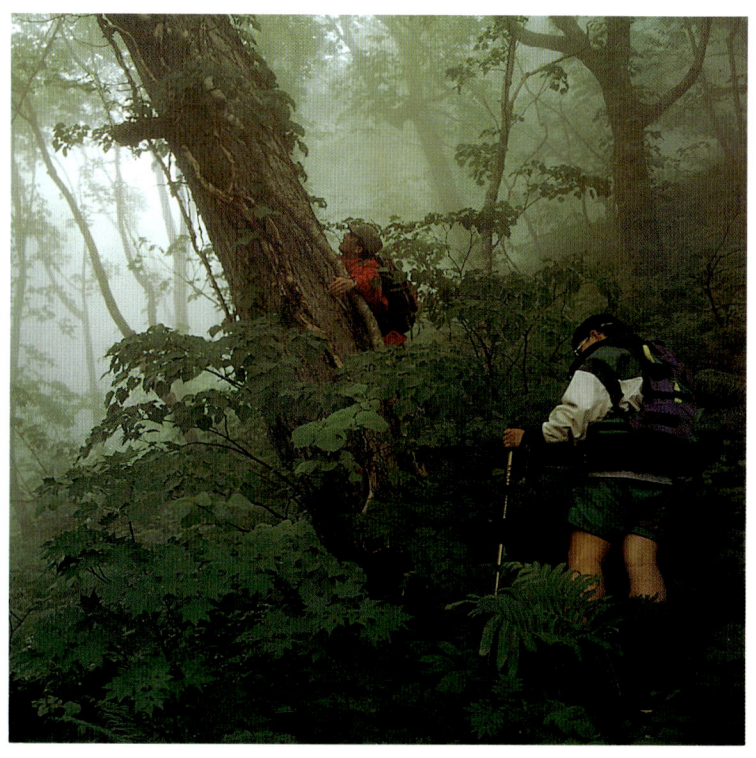

　섬대가 아직 점령하지 않은 능선에는 간간이 길이 나타난다. 점령 범위가 좁은 부분에도 길이 보인다.

　말잔등처럼 평평한 지형이 700여 미터쯤 계속되는 말잔등에 올라서기 선에 오른쪽, 나리농쪽 사면으로 길이 나 있다. 대나무 숲을 약간 피해 가는 길인데 그 길을 따르면 이땅에서 거의 찾아볼 수 없는 원시림이 나온다. 천연기념물 189호로 지정되어 있다.

　대낮에도 어두컴컴하고 축축한 그 곳은 진짜 원시림이다. 울릉도 나무 베어 가기에 급급했던 러시아인들과 일본인들도 높은 데라 손을 못 댔다. 그 유명한 울릉도 특산의 너도밤나무는 싫도록 볼 수 있고 두 아름이나 되는 피나무도 눈에 띈다.

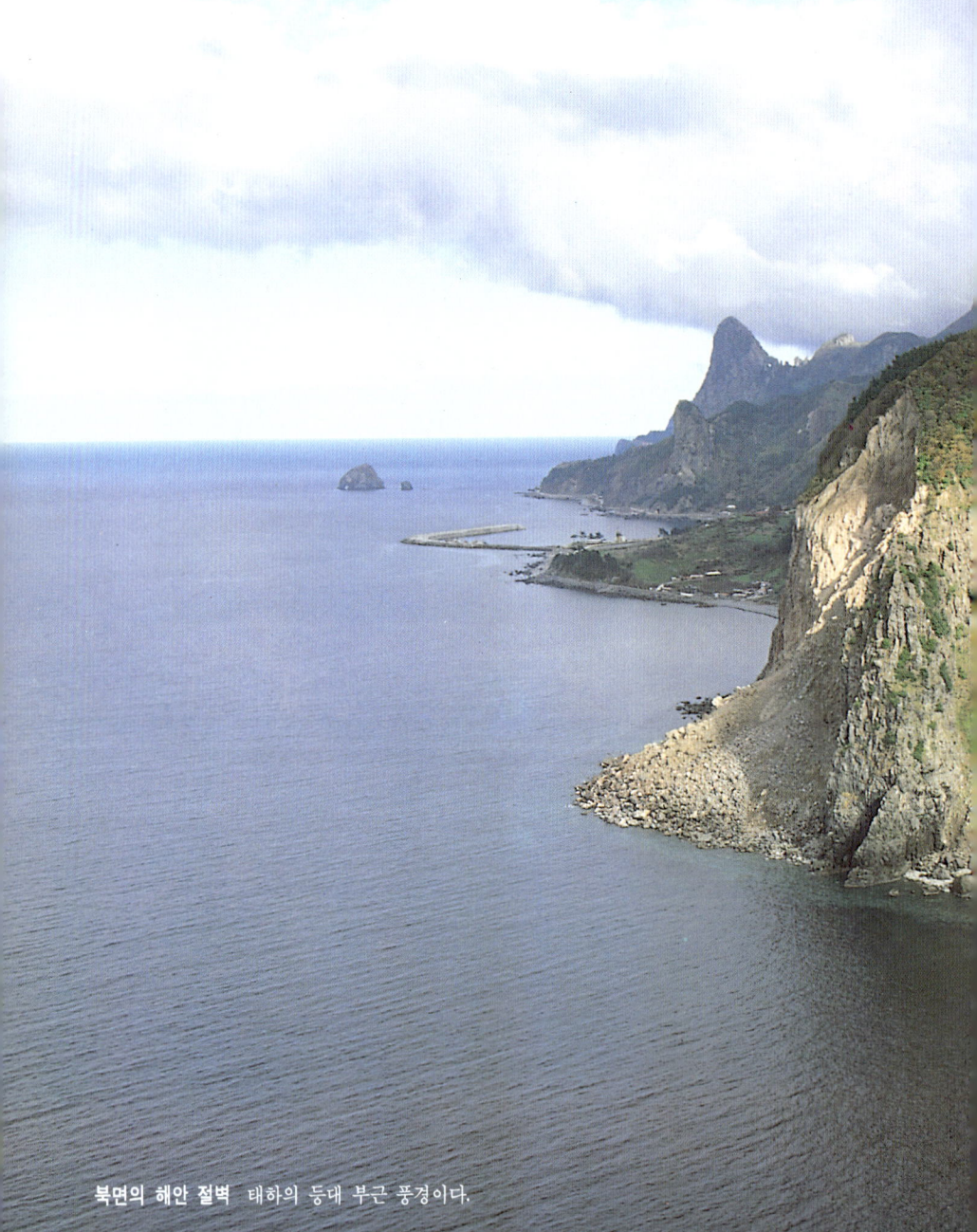

북면의 해안 절벽 태하의 등대 부근 풍경이다.

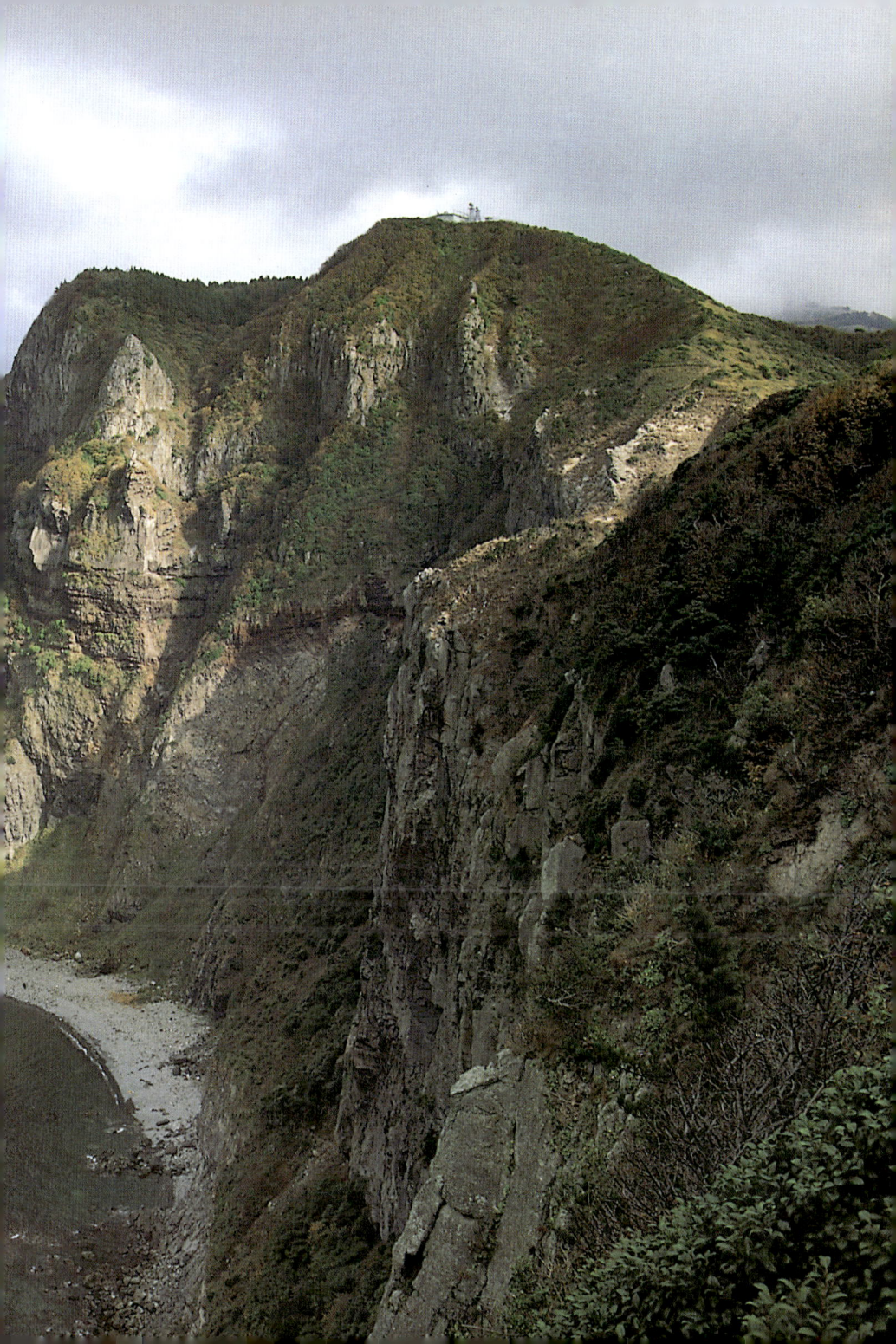

발 밑에는 47가지나 된다는 고사리류가 채이고 깊은 산중에만 있는 관중은 1미터짜리가 흔하다. 가히 식물의 보고인 것이다.

조금 가다 길이 밭아진다 싶으면 이내 능선으로 올라선다. 성인봉 귀신인 울릉산악회원들도 종종 헷갈리는 곳이다. 거기다 이 길로 든 까닭은 '원시림 구경'에 있기에 더 그렇다. 서쪽으로 향하던 능선 방향이 남쪽으로 바뀌었다가 다시 서쪽으로 틀면 곧 정상이다.

동남릉, 동북릉, 북면 코스는 올라갈 때 이용해도 그만, 내려갈 때 이용해도 그만이지만 석문동 길은 내림길로만 이용해야 한다. 오르기가 가파른 데다 중간의 경관 또한 별스러운 데가 없어 지루하기 이를 데 없는 까닭이다.

시작은 나리동 가는 길의 첫번째 밧줄께에서 남쪽의 능선 옆구리를 따르며 한다. 능선 마루는 섬대나무가 점령하고 있다.

성인봉 마루에서 500미터쯤 가다 보면 평평하던 능선이 갑자기 솟구친다. 지금은 이름이 없지만 「울릉도 내도」의 '화봉'으로 여겨지는 982미터 봉이다. 그 솟구침이 시작되기 직전 잘루목에서 남쪽 골짜기로 내려가기 시작한다.

골의 초입은 고사리밭이다. 사태 흔적도 있는 골은 길이 따로 없다. 그냥 디디는 곳이 길이다. 따라서 눈썰미가 있고 등반 경험이 많은 사람이 앞장을 서야 하고 뒤따르는 사람은 돌과 흙을 굴러내리지 않도록 조심해야 한다. 다시 이르지만 노약자를 데려가는 것은 금기다.

500미터쯤 내려가면 골은 동쪽으로 약간 휜다. 그쯤 해서 흙인지 돌인지 분간이 안 가는 계곡 바닥이 V자로 드러난다. 그 곳을 지나면 골은 서쪽으로 꺾이며 넓어지고 물은 갈라지며 복류한다.

골 바닥의 돌더미를 넘고 나뭇가지들을 피하며 1킬로미터쯤 내려가면 큰 바위들이 드러나며 물이 소리를 낸다. 이렇게 계곡이 제법 꼴을 갖춰 간다 싶으면 숲은 끝나고 밭이 나타나는 합수머리다.

이제 길은 '고속도로', 눈 감고도 갈 수 있는 길이다. 거리는 골계까지 3킬로미터가 약간 못 된다. 세수로 헝클어진 머리를 다듬고 숲의 끝에서 아는 나물들을 캐 담아 돌아갈 준비를 한다.

내려가는 길 양쪽은 취나물밭의 연속이다. 밭에는 스프링 쿨러가 돌아가고 있다. 그 돌아가는 물뿌리개를 피해 뛰어가면서 물 귀한 섬에 어떻게 보(洑)도 둠벙도 없이 스프링 쿨러를 돌릴 수 있을까 생각해볼 일이다. 그러면 지통골쯤에서는 옛날에 논이었다가 지금은 밭으로 변한 땅뙈기들이 새삼스럽게 눈에 들어올 것이다.

국수바위가 보일 즈음 일단 걸음을 멈춘다. 그리고 좌우사방의 산세를 살핀다. 저 국수가락 늘어진 바위문과 왼쪽의 깎아지른 절벽문…. 돌문을 걸어 나가면 바닷가, 골계의 자갈 마당이다.

울릉도 가는 법

울릉도 가는 교통편

울릉도를 보려면 우선 울릉도 가는 배가 뜨는 항구로 가야 한다. 그 항구는 포항, 묵호, 후포, 속초다. 이로 볼 때 대체로 경인 지방과 충청도 동부 사람들은 묵호, 충청도 서부와 삼남 지방에서는 포항에서 출항하는 것이 알맞을 것 같다. 후포는 인근 사람들이나 이용할 데다.

이것은 자동차편을 이용할 경우며 기차를 탈 때는 약간 다르다. 이때는 영동선 언저리의 경북 북부 사람들은 묵호가 빠르다.

서울 사람은 청량리 역에서 밤 11시에 출발하는 막차 침대칸을 타면 더할 나위 없이 좋다. 아침 6시 37분에 도착하니 7시간 이상은 잘 수 있는 것이다. 하루에 두 번 있는 포항행 열차는 도착 시간이 10시 배가 떠난 뒤인 오후 3시 9분과 11시 15분이라 쓸모가 없다.

묵호 곧 동해시로 버스가 자주 다니는 도시는 서울, 춘천, 태백과 동해안의 도시들이다. 원주, 정선에서는 하루 한 번 있다. 포항으로

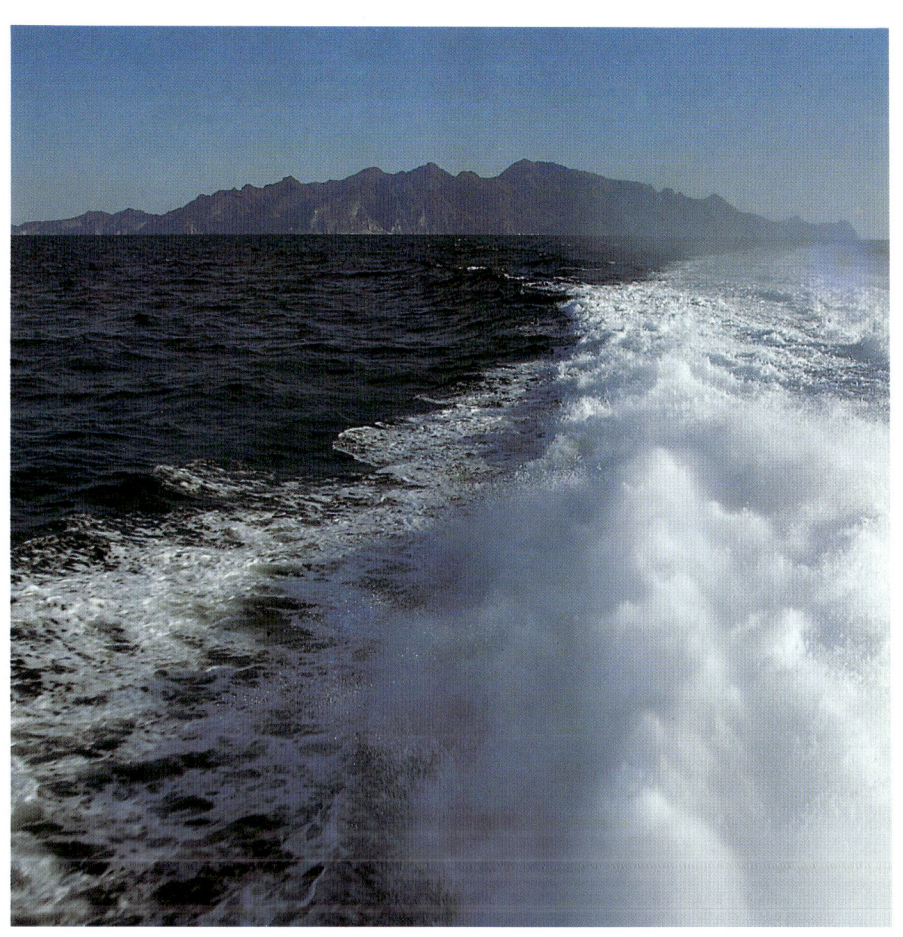

연락선에서 바라본 울릉도 전경

가는 차편은 서울, 대전, 광주, 마산에 고속버스가, 대구, 부산, 인천, 태백, 안동, 청송, 광양에 직행버스가, 그리고 밀양에는 아침 7시 16분에 출발하는 직행버스 1대가 있다(〈표 1〉 참조).

항구에 도착했으면 배를 탄다. 배편은 여름 성수기와 그 밖의 계절이 상당한 차이를 보인다. 운행 시간표는 〈표 2〉와 같다.

선표 예약은 전국 각지에서 받는다. 서울은 ☎(02)514 - 6766, 부산은 ☎(051)806 - 8811, 대구는 ☎(053)425 - 1080, 광주는 ☎(062)223 - 7777, 대전은 ☎(042)252 - 8888, 포항은 ☎(0562)42 - 5111~2, 후포는 ☎(0565)787 - 2811~2, 묵호는 ☎(0394)31 - 5891~2, 그리고 울릉도는 ☎(0566)791 - 4811~3이다. 날씨가 나쁘면 표를 샀더라도 결항되므로 출발 직전에 반드시 확인한다. 뱃삯은 수수료 없이 환불해 준다.

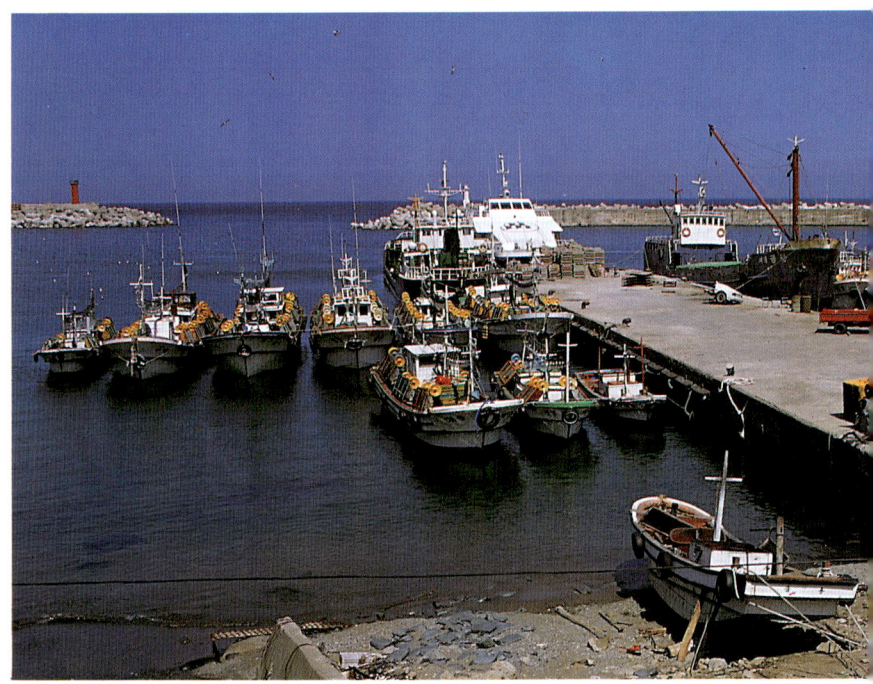

몇 해 전만 해도 포항에서 울릉도까지 헬리콥터가 운항했었다. 배편보다 빠르고 신속하여 이용하는 사람들이 많았으나 지금은 사고로 인해 잠시 중단된 상태이다.

자세한 문의는 포항 ☎(0562)73-0056~7, 울릉도 ☎(0566)791-2889/2169로 하면 된다.

울릉도에서의 교통편

울릉도에 도착하면 우선은 군내 버스가 편하다. 모시개 가는 것은 오전 6시 50분부터 오후 7시까지 25번 있다. 요금은 300원이며 돌아

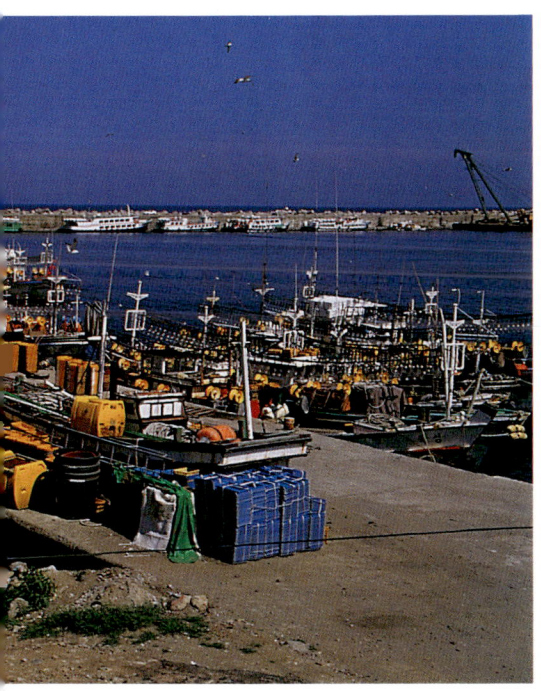

1980년에 준공된 저동항 동해안에 단 하나밖에 없는 어업 전진기지로 우리나라 곳곳의 어선들이 몰려든다.

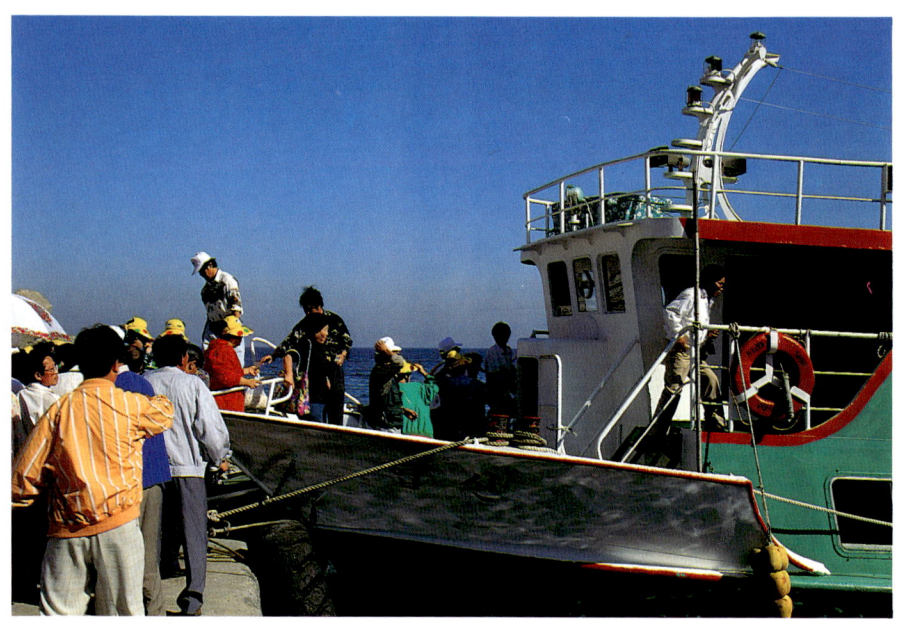

섬 일주 관광유람선 울릉도에서는 버스편 곧 육로로는 불가능하지만 해로로는 완전 일주 관광이 가능하다. 도동의 여객선 터미널에 본부를 둔 섬 일주 관광유람선협회에서 유람선을 운항한다.

오는 것은 첫차가 오전 7시, 막차가 오후 7시 40분에 있다. 이 가운데 오전 7시, 10시, 오후 2시, 5시 40분 것은 내수전까지 간다. 여름 성수기인 7월 20일부터 8월 15일 사이에는 오후 8시 15분, 8시 45분에 두 번 더 다닌다.

골계로 가는 것은 오전 6시 30분부터 오후 6시 30분 사이에 10번 다닌다. 성수기 때는 오후 7시 30분에 한 번 더 운행하고 돌아오는 차편은 첫차 오전 7시, 막차 오후 7시, 성수기 때는 막차가 오후 8시에 있다. 요금은 600원이다.

섬목으로 가는 배는 모시개에서 뜬다. 오전 8시, 10시, 12시, 오후 2시, 4시 30분에 있는데 성수기 때는 오후 6시에 한 번 더 뜬다. 시간은 25분에서 30분쯤 걸리고 요금은 1,500원이다. 8시, 10시, 오후 4

시 배는 죽도에 들른다.

배에서 내리면 바로 북면을 일주하는 버스가 기다리고 있다. 요금은 왜선창이 500원, 황토구미는 1,500원이다. 택시도 있는데 대바위가 2,500원, 왜선창과 거문작지가 10,000원, 황토구미에는 20,000원, 나리동까지는 30,000원(나리동에서 부르면 40,000원)을 받는다.

북면 일주 버스의 종점은 황토구미다. 출발 시간은 모시개에서 뜨는 배보다 30분 이른 오전 7시 30분부터다. 따라서 막차는 오후 4시에 출발하고 성수기 때는 오후 5시 30분에 한 번 더 다닌다.

버스편 곧 육로를 버리면 해로로 완전 일주 관광이 가능하다. 도동의 여객선 터미널에 본부를 둔 섬 일주 관광유람선협회에서 유람선을 운항하는 까닭이다(섬목 가는 배는 모시개에서, 유람선은 도동에서 뜨니 혼동하지 않도록 할 것).

성수기인 7월 25일~8월 15일은 오전 6시에서 오후 4시 사이에 9번 운행하고 이를 뺀 5월 1일~10월 14일의 중간 수요기에는 오전 9시와 오후 4시 2번, 이 밖의 비수기에는 오전 9시에 한 번 다닌다. 오후 2시에 뜨는 배는 특별히 죽도에 들른다. 30명쯤 태우는 이 배들은 대절도 가능한데 요금은 40만 원이다. 그렇지만 배는 기상이나 사정에 따라 운항 계획이 항상 바뀔 수 있으므로 사전에 반드시 확인하도록 한다(☎ 791-4468/4488).

숙박 시설

한해 10만 명쯤 찾는다는 울릉도에는 숙박 시설이 대체로 잘 갖추어져 있다. 도동은 말할 것도 없고 모시개, 왜선창, 황토구미, 골

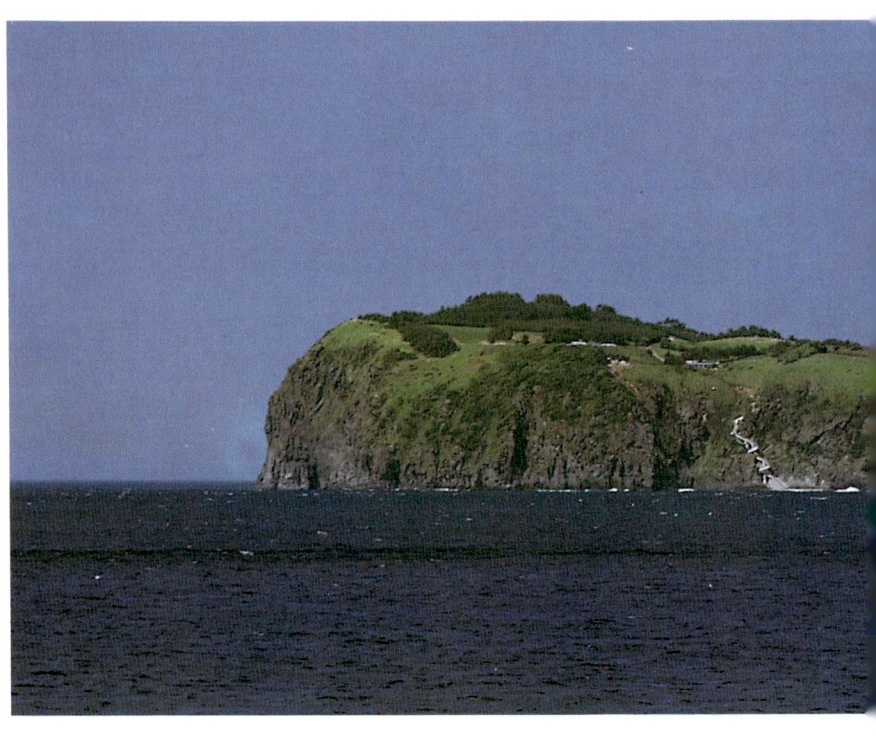

계, 아록사에도 적어도 하나쯤은 여관이나 여인숙이 있다.

호텔은 도동에 마리나관광호텔(☎791-0020~4), 울릉호텔(☎791-6611~2), 울릉비취호텔(☎791-2335)이 있다. 2인실 기준으로 앞의 두 개는 45,980원이고 비취호텔은 12,000원이며 특실은 두 배쯤 받는다. 부둣가에 있는 비취호텔에는 여러 명이 잘 수 있는 큰 방도 있다.

여관은 모두 40여 개가 있다. 그 가운데 5개만 고르면 고려여관 (☎791-3204), 대화여관(☎791-2497), 낙원장여관(☎791-0580), 제일장여관(☎791-3310), 섬여관(☎791-2765)이 있다. 성수기 때는 이 여관들에만 연락해도 다른 여관에 빈방이 있는지 확인할 수 있다. 여인숙은 3개다.

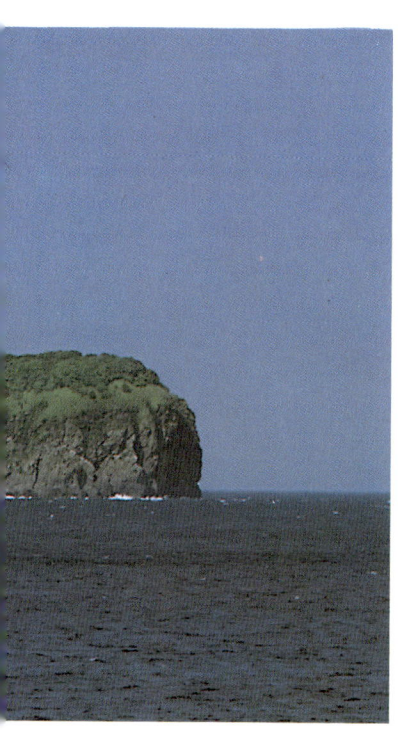

죽도 울릉도에 딸린 섬 가운데 유일하게 사람이 사는 곳이다.

　모시개 저동에는 반도여관(☎791 - 3380)과 에덴여인숙(☎791 - 2381)이 있다. 왜선창 천부에는 생수장여관(☎791 - 6108)과 해도여관(☎791 - 6208)이 있고 거문작지 현포에는 삼선여관(☎791 - 5737)이 있다.

　황토구미 태하에는 여관이 없는 대신 광성여인숙(☎791 - 5339)과 태하여인숙(☎791 - 5356)이 있다. 그리고 골계 남양에는 경주여인숙(☎791 - 4971)과 행운여인숙(☎791 - 4967), 아룩사 사동에는 해산장여관(☎791 - 4490)이 있다.

　요금은 여관이 2인실 기준으로 2만 원, 여인숙은 만 원이나 성수기 때는 값이 없다. 이를 대비해서라도 야영 장비는 반드시 준비할 필요가 있다.

특산물

울릉도에서는 이름 나기로는 호박엿을 따를 것이 없다. 게다가 이 엿은 엿기름을 쓰는 '진짜 엿'이 아니어서 이가 썩지 않으니 선물하기에도 가격으로도 부담이 없다. 200그램에 천 원, 1킬로그램은 4천 원, 500그램짜리 잼은 2천 원이다. 도동에 판매소가 많다(울릉둥글호박엿 직매장 ☎791-4787).

살이 통통한 울릉도 오징어는 한 축에 만 원쯤 한다. 물오징어는 횟집에서 큰 것은 3만 원, 작은 것은 2만 원쯤 하며 도동 선착장에서는 5~8마리에 만 원쯤 한다. 저동 어판장에서는 더 싼값에 살 수 있다.

선물로 빼놓을 수 없는 것이 마른 미역과 돌김이다. 육지산과 달

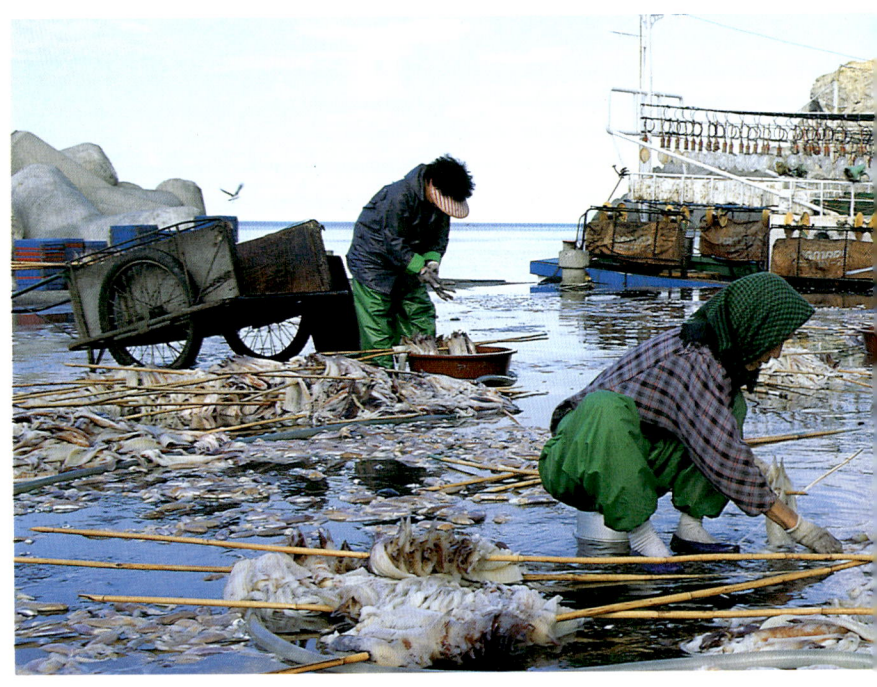

리 이들은 순전한 자연산이기 때문이다. 미역은 품질에 따라 가격이 다른데 중간치가 한 뭇에 5천 원쯤 한다(울릉상회 등에서 오징어와 함께 판다).

울릉도에서 먹어볼 것으로는 홍합의 다른 이름인 열합의 밥, 명이로 담근 김치, 나물 말린 것으로 끓인 묵나물해장국, 약초를 많이 먹고 자랐다는 울릉도산 쇠고기, 약쇠고기가 있다. 앞의 둘은 도동의 샘식당(☎791-2026) 등에서 맛볼 수 있고 묵나물해장국은 99식당(☎791-2287), 약쇠고기는 약수식육점(☎791-3605) 등에서 사면 된다.

목욕탕은 도동에 둘, 저동에 하나 있고 도동에 병·의원이 셋, 한의원은 하나, 치과의원 둘이 있다. 약국은 도동에 셋, 왜선창과 골계에 하나씩 있으며 도동의 수협에는 현금 인출기가 있다.

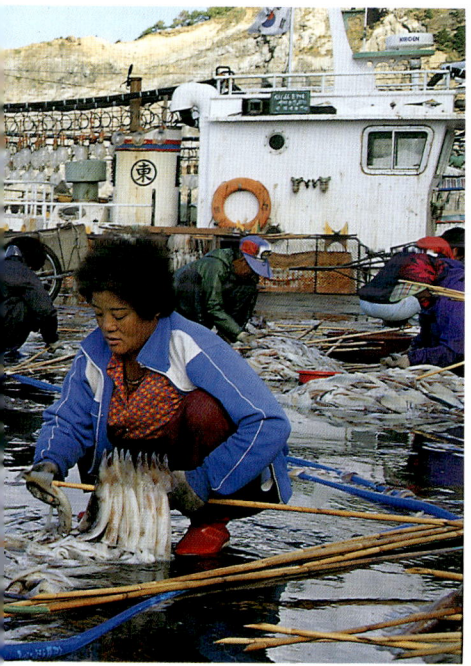

황토구미 선착장 풍경 아주머니들이 바로 잡아온 오징어를 대나무에 끼우고 있다.

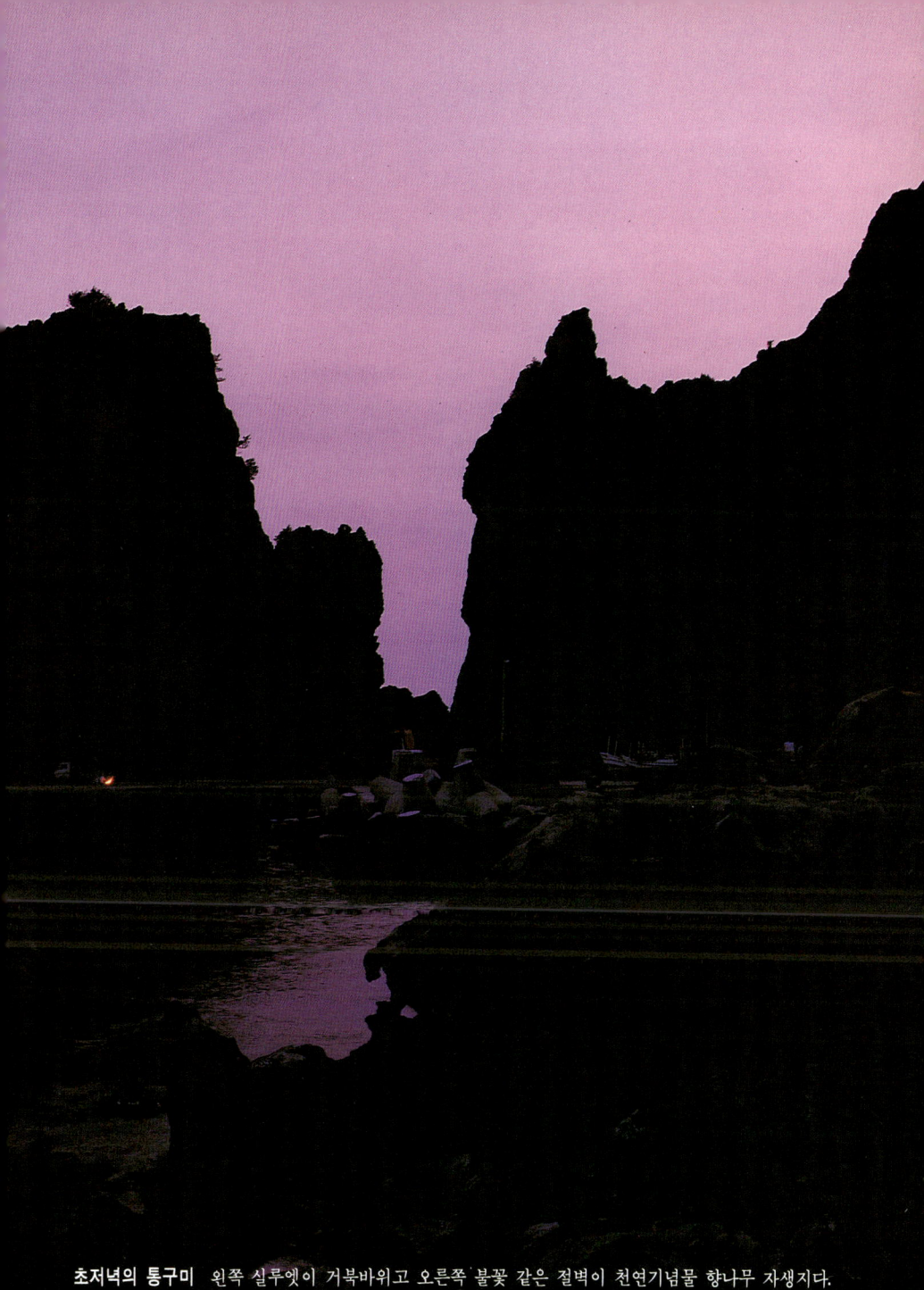

초저녁의 통구미 왼쪽 실루엣이 거북바위고 오른쪽 불꽃 같은 절벽이 천연기념물 향나무 자생지다.

울릉도 가는 길

울릉도행 배는 포항, 동해(묵호항), 후포 등에서 출발한다. 승용차로 갈 때는 한국해운조합(http://www.haewoon.co.kr)의 인터넷 약도를 참고하면 도움이 된다.

울릉도로 가는 배편을 이용하려면 먼저 항구로 가야하는데, 대중교통을 이용할 때는 강남고속터미널이나 동서울터미널에서 고속버스를 이용하면 된다. 심야 우등고속을 이용하면 아침배 타기에 좋다.

서울 → 포항간은 우등고속버스를 이용하면 된다. 06:20부터 18:15까지 운행되며, 배차는 20~40분 간격이다. 피서철을 제외하고는 5시간 정도 소요된다.

서울 → 동해간은 우등고속버스를 이용하면 된다. 07:00부터 19:40까지 운행되며, 배차는 40분 간격이다. 피서철을 제외하고는 4시간 30분 정도 소요된다. 동해에서 묵호항까지 버스를 타면 30분 정도 소요된다.

서울 → 포항간은 고속버스를 이용하면 된다. 06:00부터 18:30까지 운행되며, 배차는 20~40분 간격이다. 5시간 정도 소요된다.

서울 → 동해간은 고속버스를 이용하면 된다. 06:30부터 19:00까지 운행되며, 배차는 40분 간격이다. 4시간 30분 정도 소요된다.

포항 → 후포간은 직행버스를 이용한다. 10:36부터 19:18까지 운행되며, 배차는 1일 7회, 1시간 50분 정도 소요된다. 후포항에서는 토요일에만 배를 탈 수 있으므로 출항 여부를 반드시 확인하고 출발하여야 한다.

버스 시간표는 계절에 따라 달라지므로 미리 확인하는 것이 좋다.

울릉도로 가는 배편

출항지	운항회사	출항시간	울릉출항	소요시간	비고
포항	(주)대아고속해운	10:00	16:30	3:00	성수기 증편 자동차 탑재 가능
묵호	(주)대아고속해운	11:30	15:30	2:50	성수기

　울릉도행 배편은 기상이나 배의 사정에 따라 변경이 잦으므로 출발 전에 반드시 확인해야 한다. 서울 대아고속해운(☎02-514-6766) 외에 배편을 문의할 곳으로는 포항항 여객터미널(☎054-242-5111~5), 묵호항 여객터미널(☎033-531-5891)이 있다. 성수기 때는 후포(후포항 ☎054-787-2811~2)와 속초(속초항 ☎033-636-2811~2)에서도 배가 다닌다.

　울릉도로 가는 교통편으로 헬기를 이용할 수도 있다. 헬기는 강릉공항에서 1일 3회(09:10, 12:40, 15:40) 출발하며 강릉공항에서 울릉도 씨티헬기장까지 50분 정도 소요된다.

빛깔있는 책들 301-20

울릉도

글	—박기성
사진	—심병우

발행인	—장세우
발행처	—주식회사 대원사

편집	—이상은, 최명지, 김수영
미술	—손승현, 이영주
기획	—조은정
전산사식	—이규헌, 육양희
총무	—정만성, 정광진, 우복희
영업	—이상갑, 조용균, 강성철, 박은식, 홍의식, 이수일
이사	—이명훈

첫판 1쇄	—1995년 9월 5일 발행
첫판 4쇄	—2003년 5월 30일 발행

주식회사 대원사
우편번호/140-901
서울 용산구 후암동 358-17
전화번호/(02) 757-6717~9
팩시밀리/(02) 775-8043
등록번호/제 3-191호
http://www.daewonsa.co.kr

ᄴ 값 13,000원

Daewonsa Publishing Co., Ltd.
Printed in Korea(1995)

ISBN 89-369-0174-5 00980